Java

游戏开发实践

Greenfoot 编程快速入门

何青◎著

清華大学出版社

北京

内 容 简 介

本书是高校教师多年开发经验的结晶之作，书中深入浅出地讲解使用 Greenfoot 编程软件进行 Java 游戏开发，帮助读者快速掌握游戏设计的基本原理和方法，同时提高 Java 语言的编程能力。

本书内容分为五篇：第一篇介绍 Greenfoot 编程基础，包含 Greenfoot 简介和 Greenfoot 游戏设计原理；第二篇介绍益智类游戏设计，包含记忆翻牌游戏、拼图游戏、扫雷游戏；第三篇介绍休闲类游戏设计，包含弹钢琴游戏、贪食蛇游戏、打砖块游戏；第四篇介绍飞行类游戏设计，包含太空生存游戏、星球大战游戏、飞扬的小鸟游戏；第五篇介绍棋牌类游戏设计，包含黑白棋游戏、接龙纸牌游戏、中国象棋游戏。

本书内容安排合理，架构清晰，注重理论与实践相结合，既适合作为零基础 Java 游戏开发初学者的教程，也可作为本科院校及大专院校的教材，还可供职业技术学校和各类游戏培训机构使用。

图书在版编目 (CIP) 数据

Java 游戏开发实践：Greenfoot 编程快速入门 / 何青著. —北京：清华大学出版社，2018（2024.9 重印）
ISBN 978-7-302-50656-0

Ⅰ．①J… Ⅱ．①何… Ⅲ．①游戏程序—程序设计②JAVA 语言—程序设计 Ⅳ．①TP317.6②TP312.8

中国版本图书馆 CIP 数据核字（2018）第 158319 号

责任编辑：秦　健
封面设计：李召霞
责任校对：徐俊伟
责任印制：宋　林

出版发行：清华大学出版社
　　　　　网　　址：https://www.tup.com.cn, https://www.wqxuetang.com
　　　　　地　　址：北京清华大学学研大厦 A 座　　　　　邮　　编：100084
　　　　　社 总 机：010-83470000　　　　　　　　　　邮　　购：010-62786544
　　　　　投稿与读者服务：010-62776969，c-service@tup.tsinghua.edu.cn
　　　　　质 量 反 馈：010-62772015，zhiliang@tup.tsinghua.edu.cn
印 装 者：涿州市般润文化传播有限公司
经　销：全国新华书店
开　本：186mm×240mm　　　印　张：19.25　　　字　数：393 千字
版　次：2018 年 9 月第 1 版　　　印　次：2024 年 9 月第 6 次印刷
印　数：3601~3800
定　价：59.00 元

产品编号：077393-01

随着"互联网+"时代的来临，社会各行业对于计算机技术的依赖达到前所未有的程度，而计算机技术的应用关键在于程序的设计和编写，可以说编程能力不仅是未来社会的需要，也是未来个人所应具备的基本素质。然而学习程序设计并不容易，需要付出艰苦的努力，也要耗费大量的时间和精力，因此选择合适的学习工具尤为重要。虽然很多大型的编程工具都可以免费使用，但对于初学者来说这些工具显得过于复杂，由此带来学习的困惑和压力。理想的编程学习工具既要操作方便，又要功能齐全，还要简单有趣。Greenfoot 正是这样一款"小而美"的编程工具。

Greenfoot 是由英国肯特大学的学者开发的一款可视化编程软件，起初被用于 Java 程序的教学，而且通过可视化的图形编程环境以及对游戏编程的良好支持，得到了众多国家的广泛使用，国外许多高校的计算机教师都使用这款软件作为 Java 语言的教学工具。由于 Greenfoot 在教育界所取得的成功，一些大企业也将其作为自己的官方工具，例如 Oracle 公司将 Greenfoot 纳入自身培训体系中，并在官网提供学习支持。同时 Oracle 还和国内众多高校与职业院校合作，推出教师培训计划，鼓励教师在教学中将 Greenfoot 作为工具，共同推动 Greenfoot 在 Java 程序教学中的应用。

随着近年来游戏产业的急剧升温，游戏人才的缺口急剧增大，同时也吸引了更多的人学习游戏设计和编程。但是游戏程序设计的门槛相对来说比较高，没有太多合适的学习工具帮助新手入门。游戏设计的书籍大多都是使用专业级的开发工具（如 Unity3D、Cocos2d 等），针对初学者的编程工具凤毛麟角。而 Greenfoot 恰好可以填补这个空缺。Greenfoot 为游戏编程提供了丰富而实用的 API（Application Programming Interface，应用程序接口），使得编写小游戏异常方便，虽然它不能直接开发出商业级的游戏应用，但能充分满足游戏设计爱好者及初学者的学习需求。

可以说，Greenfoot 既是学习 Java 语言的实用工具，又是学习游戏编程的便捷工具。本书写作的初衷正是希望推广和普及 Greenfoot 编程技术，一方面提升 Java 语言学习者的编程兴趣和编程水平，另一方面为游戏设计爱好者介绍一些基本的编程方法并提供实践的指导。

全书分为五篇 14 章，内容安排如下。

第一篇（第 1 章和第 2 章）介绍 Greenfoot 编程基础，包含 Greenfoot 简介和 Greenfoot 游戏设计原理。

第二篇（第 3 ~ 5 章）介绍益智类游戏设计，包含记忆翻牌游戏、拼图游戏和扫雷游戏开发。

第三篇（第 6 ~ 8 章）介绍休闲类游戏设计，包含弹钢琴游戏、贪食蛇游戏和打砖块游戏开发。

第四篇（第 9 ~ 11 章）介绍飞行类游戏设计，包含太空生存游戏、星球大战游戏和飞扬的小鸟游戏开发。

第五篇（第 12 ~ 14 章）介绍棋牌类游戏设计，包含黑白棋游戏、接龙纸牌游戏和中国象棋游戏开发。

本书的特点主要体现在以下几方面。

按照学习者的认知规律来组织内容。本书选用的案例大都是经典小游戏，大多数人都比较熟悉，这无形中会增加学习者的亲切感，减轻学习压力。同时，各个游戏案例采用循序渐进的方式来组织，前几章都是比较短小的游戏，功能相对较少，知识点也比较简单。随着学习递进游戏规模会逐渐加大，游戏功能也更加复杂，涉及的知识点也会增多。但是基于前面章节的学习，读者也能够较好地适应相对复杂的内容。

将游戏设计的方法论运用到学习材料的组织上。在现实的游戏设计中经常采用"基于原型，逐步迭代"的方式进行开发，即将整个游戏的全部功能分解为很多小部分，然后一部分一部分地实现。本书内容的组织也采用类似的理念，即将每个游戏案例分解为多个小任务，每一个任务都对应着游戏的某部分功能，并且在前一任务完成的基础上添加代码来完成下一个任务，从而展示游戏从无到有逐步扩展的全过程。

内容力求实用，强调实践操作。本书详细地描述了每个游戏案例的设计及实现细节，尽量避免论述复杂的理论，着重强调游戏设计的整体过程和游戏编程的具体操作方法，能够从实践层面提高读者的程序设计水平及游戏编程能力。此外，每个案例最后都设置了游戏扩展练习，在其中提供了一些对本案例进行扩展和改进的思路，鼓励读者在理解游戏编写的基本原理之后再加以实践练习，以便达到学以致用的效果。

通过文本与微视频的结合来形成综合性的学习材料。由于本书各章节相对独立，而且各章的案例被分解为多个任务分别进行介绍，因此特别适合与微视频讲解的形式相结合。书中为每个游戏案例的每个任务都配套了微视频，详细讲解相关代码的编写原理和方法，以便弥补单一文本在叙述方面的不足，从而将文本和视频音频结合起来形成综合性、立体性的学习材料。同时，为每个微视频生成二维码附注在章节对应位置上，让读者能够在移动环境下通过扫码进行学习，从而形成全新的 O2O 学习体验。

在使用本书的过程中，建议读者按照章节的顺序循序渐进地学习，这样更利于理解和积累知识。但由于各章的内容相对独立，读者也完全可以根据自身兴趣来安排学习的次序。强烈建议读者在学习过程中加以实践，对于每个游戏案例的各个小任务，可以先试着自己动手去实现，若遇到问题再参考书中的解决办法。而对于每章最后的游戏扩展练习，也希望读者能够认真地加以思考和解决。"纸上得来终觉浅，绝知此事要躬行"，只有亲自动手编写代码，才能真正地提高程序设计水平及游戏编程能力。关于本书源代码，读者可以扫描二维码下载。

本书适合所有对游戏设计或程序设计感兴趣的读者，包括高校和职业院校的学生及教师、游戏开发人员、游戏编程爱好者、Java 语言学习者、程序设计爱好者等。本书不仅可供读者自主学习和阅读，还可以作为高校及培训机构的游戏设计教材或是 Java 程序设计的实践教材。

感谢家人在本书的写作过程中给予的支持和关心，还要特别感谢杨仕青和高惠君为本书提供了丰富的素材，同时感谢潘肖男翻译了 Greenfoot API 文档。

由于作者水平有限，书中难免存在一些疏漏，敬请广大读者批评指正。对于本书有任何疑问，可以发邮件至 hawking329@sina.com 进行咨询，也可以加入 Greenfoot QQ 群（29411309）进行探讨。

作者 于白马湖畔

Contents 目　　录

第一篇

Greenfoot 编程基础

第 1 章

Greenfoot 简介

本章将要介绍 Greenfoot 的一些基本内容，包括 Greenfoot 的安装与设置、Greenfoot 的基本操作，以及 Greenfoot 的 API 等。通过本章的介绍，可以全面了解 Greenfoot 的主要功能，同时初步掌握 Greenfoot 的使用方法。

1.1 概述

Greenfoot 是由英国肯特大学的 Michael 和 Martin 设计的一款 Java 游戏设计工具，它是一个功能完整的开发环境，可以方便地使用 Java 语言编写游戏和进行游戏模拟。Greenfoot 可认为是一个用 Java 语言创建的二维图形程序框架和集成开发环境的结合体，它支持 Java 语言的全部特性，特别适合进行基于组件的可视化编程。在 Greenfoot 中，对象的可视化和交互性是其重要特征，任何游戏中的角色和物体都可以通过鼠标拖放的形式添加和更改。

Greenfoot 的运行界面很简洁，主要分为 4 个功能区域：菜单栏、游戏面板、控制按钮和场景信息，如图 1.1 所示。

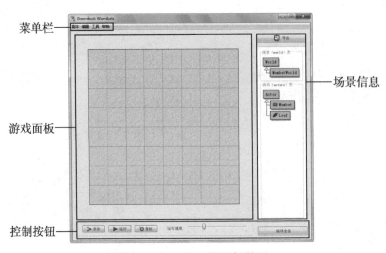

图 1.1　Greenfoot 的运行界面

　　菜单栏中的各菜单项对应着各种操作命令，包括"打开""删除""关闭"等命令；游戏面板是整个游戏的运行容器，游戏的场景和角色在此进行交互和显示；场景信息中显示了游戏的组成部分及其结构；控制按钮用于对游戏进行即时掌控："运行"按钮用于自动运行游戏，"单步"按钮用于单步运行游戏，"复位"按钮让游戏回到初始情形，"运行速度"滚动条用来调节游戏的运行速度，"编译全部"按钮用来编译游戏代码。

1.2　Greenfoot 的安装及设置

　　Greenfoot 是一款免费的开源软件，可以在官网（www.greenfoot.org/download）直接下载，下载页面如图 1.2 所示。截至本书写作完毕，Greenfoot 的最新版本为 3.1.0，在下载页面中提供了各个平台下的 Greenfoot 安装包，包括 Windows、Mac、Linux 及其他 Java 平台。由于 Greenfoot 3.x 系列版本主要支持 Windows 7 以上的操作系统，考虑到与 Windows XP 系统的兼容性问题，本书以 Greenfoot 2.x 系列的最高版本 2.4.2 来编写游戏程序案例（本书还提供了 Greenfoot 3.x 版本的案例代码，以便安装 Greenfoot 最新版本的读者使用）。

图 1.2　Greenfoot 下载页面

　　另外，Greenfoot 3.x 系列加入了新的"Stride 模式"，即将各种程序语法做成类似积木块的小模块，然后通过组合与拼接这些语法模块来搭建程序，目的是让初学者专注于程序编写的过程，而避免陷入程序语法的细节中。然而，虽然 Stride 模式能够帮助新手快速学会编程，但是对于编写大规模的程序却不够灵活和方便，而且游戏程序相对比较复杂，因此没有必要采用 Stride 模式来编写程序，直接使用传统的文本编辑模式即可。

Greenfoot 2.4.2 版本的下载地址位于图 1.2 所示的下载页面最下方的"Old Versions"一栏。单击"old versions of Greenfoot"链接（www.greenfoot.org/download_old），可见图 1.3 所示页面，在该页面中可以找到 Greenfoot 2.4.2 的安装程序。

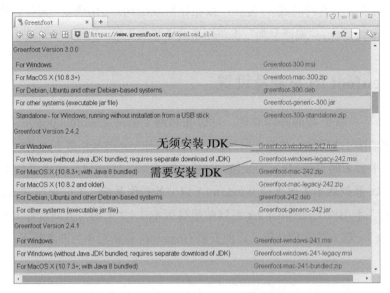

图 1.3　Greenfoot 2.4.2 下载页面

Greenfoot 是基于 Java 开发环境的，其运行离不开 JDK（Java 开发工具包）的支持。从图 1.3 中可以看到，Greenfoot 2.4.2 为 Windows 平台提供了两个安装程序，第一个已绑定了 JDK，无须另外安装；第二个只是单独的 Greenfoot 安装程序，没有绑定 JDK，因此需要先安装 JDK 后再安装 Greenfoot。Greenfoot 2.4.2 支持 JDK 1.6 及以上版本。当然，使用其他操作系统的读者也可以选择相应的 Greenfoot 安装文件进行安装。

在初次使用 Greenfoot 的时候，会弹出如图 1.4 所示的界面，需要在其中设置 JDK 的安装路径。单击左下角的"Browse"按钮进行设置。

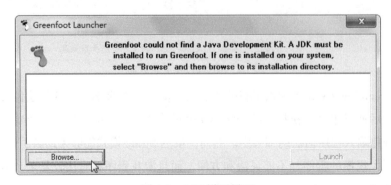

图 1.4　JDK 设置界面

随后会打开 JDK 选择对话框，如图 1.5 所示，在其中选择 JDK 的安装路径。若下载的 Greenfoot 安装文件绑定了 JDK 的版本，则可进入 Greenfoot 安装目录下的 "jdk/bin" 子目录，选择 "java" 文件，然后单击对话框下方的 "打开" 按钮，即可正常使用 Greenfoot。

图 1.5　JDK 选择对话框

Greenfoot 是一款国际化的设计工具，支持多个国家的语言，安装完成后可将其界面设置为中文。打开 Greenfoot，在主界面的菜单栏单击 "Edit" 菜单项下的 "Preferences" 选项，如图 1.6 所示。

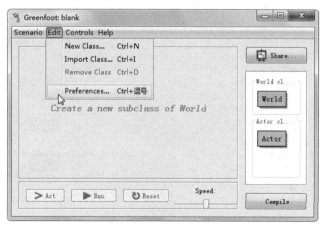

图 1.6　菜单栏中的 "Preferences" 选项

然后单击 "Interface" 标签，并在 "Language" 选项后的下拉列表中选择 "Chinese"，如图 1.7 所示。关闭并重启 Greenfoot，可以发现操作界面上的文字都变成了中文。

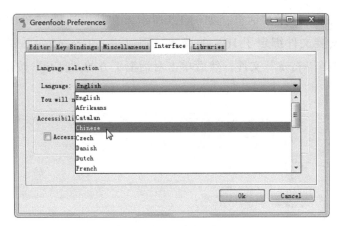

图 1.7 设置中文界面

1.3 Greenfoot 基本操作方法

1.3.1 创建游戏场景

使用 Greenfoot 进行游戏设计，首先需要新建一个游戏项目。在 Greenfoot 界面的菜单栏中单击"剧本"菜单项下的"新建剧本"选项，如图 1.8 所示。在随后弹出的对话框中为游戏项目设置保存路径，同时设置一个项目名称，例如"myGame"。Greenfoot 会自动创建一个文件夹，里面包含了该游戏的所有文件。

图 1.8 创建游戏项目

在创建游戏项目后，会出现一个空的游戏场景界面。界面右侧分别有两个类：一个是场景类 World，另一个是角色类 Actor。Java 程序都是由类组成，而组成 Greenfoot 游戏的类则主要是场景类和角色类。需要注意，World 类和 Actor 类都是抽象类，它们不能直接被使用，在设计程序时需要创建这两个类的子类才行，这在以后的游戏设计中会详细介绍。

接下来，右击 World 类，在弹出的快捷菜单中单击"新建子类"选项，如图 1.9 所示。

图 1.9　创建游戏场景

当执行"新建子类"命令后，将弹出"新建类"对话框进行 World 子类的设置，如图 1.10 所示。

图 1.10　"新建类"对话框

在图 1.10 中的"类名"文本框中输入子类的名称"MyWorld"。然后单击"完成"按钮，并单击 Greenfoot 界面右下方的"编译全部"按钮，便可以看到如图 1.11 所示的游戏场景。因为没有设置背景图像，所以系统默认生成的是一个白色背景的空白游戏场景。

图 1.11　新建的游戏场景

需要指出的是，图 1.11 中所示的游戏场景面板的尺寸是可以调节的。右击图 1.12 上的场景子类 MyWorld，在弹出的快捷菜单中选择"编辑代码"命令，则会弹出图 1.13 所示的 MyWorld 类的源代码框。

图 1.12　选择"编辑代码"命令

图 1.13　MyWorld 类的源代码框

在图 1.13 中找到"super(600, 400, 1);"这条语句，它表示创建一个尺寸为 600 像素 ×400 像素大小的游戏场景。如果将它改为"super(300, 200, 1);"，则创建的游戏场景尺寸变为了 300 像素 ×200 像素大小。然后，单击 Greenfoot 界面右下角的"编译全部"按钮，便会生成图 1.14 所示的新尺寸的游戏场景面板。可以看到，新的游戏场景面板的尺寸比初始时缩小了一半。

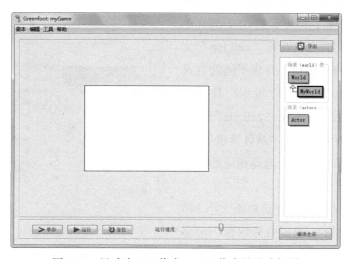

图 1.14　尺寸为 300 像素 ×200 像素的游戏场景

此外，也可以在设置游戏场景时导入其他背景图片。这里选择的图片文件是"cell.jpg"文件，它是事先准备好的，并已被放置到游戏项目文件夹下的"images"子文件夹中。当然也可以选择或导入其他文件夹中的图片文件，但建议将项目中使用的所有图片文件放置在项目的"images"文件夹中，以便统一进行管理。

右击 MyWorld 类，在弹出的快捷菜单中选择"设置图像"选项，如图 1.15 所示。

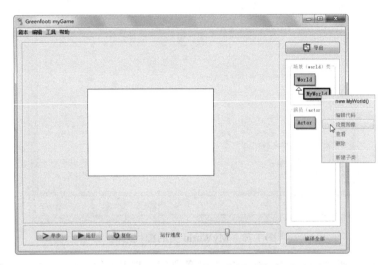

图 1.15　设置场景的背景图像

此时将会弹出"选择类图像"对话框，如图 1.16 所示。

从该对话框中选择"cell.jpg"图片文件并单击"完成"按钮，即可看到 Greenfoot 更新了游戏场景。同时可以看到"cell.jpg"文件被设为场景的背景图像，并以平铺的方式填充了整个场景，如图 1.17 所示。若在图 1.16 所示的对话框中看不到"cell.jpg"图片文件，可以单击对话框中的"从计算机导入"按钮，然后在计算机磁盘中选择相应的图片并导入。

将游戏场景的尺寸恢复到初始大小（即 600 像素 ×400 像素），这时背景图像仍然会以平铺的方式自动填充整个游戏场景。

图 1.16　"选择类图像"对话框

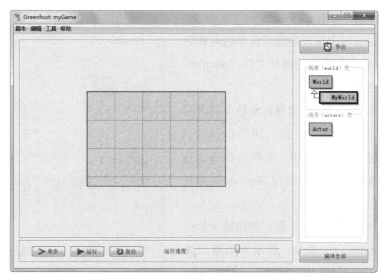

图 1.17　设置背景图像后的游戏场景

1.3.2　添加游戏角色

　　Greenfoot 是交互式的图形编程环境，可以用鼠标拖曳的方式向场景中添加游戏角色。

　　在添加角色前，首先要在游戏中创建一个角色。Greenfoot 提供了一个角色类 Actor，让游戏设计者通过创建它的子类来为游戏添加角色。右击 Greenfoot 界面上的 Actor 类，单击弹出快捷菜单上的"新建子类"选项，如图 1.18 所示。

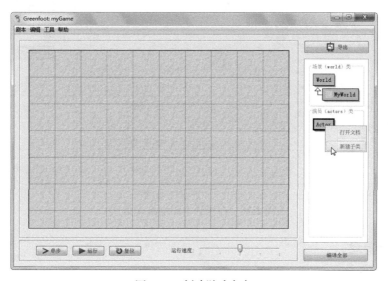

图 1.18　创建游戏角色

此时将会弹出如图 1.19 所示的"新建类"对话框,在该对话框中设置游戏角色类的名称为"Wombat",并将事先准备的图片文件"wombat.gif"作为角色图像。

在"新建类"对话框中设置好角色类的名称和图像后,单击"完成"按钮。回到 Greenfoot 界面,单击"编译全部"按钮,会看见 Greenfoot 右侧的类图上新添加了一个名为 Wombat 的游戏角色类。

右击这个 Wombat 类,在弹出的快捷菜单中选择"new Wombat()"命令,然后单击游戏场景面板的任意一个网格,即可看到一个 Wombat 类的游戏角色对象被添加到游戏场景中,如图 1.20 所示。若是按住 Shift 键再移动鼠标,便可以重复地向游戏场景中添加多个角色对象。

图 1.19　设置角色的名称与图像

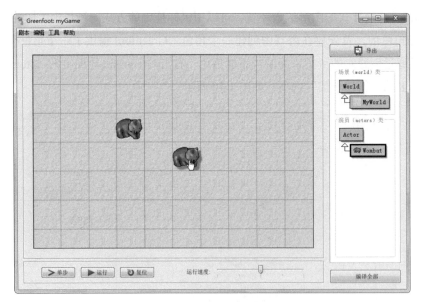

图 1.20　在场景中添加游戏角色

1.3.3　运行游戏

现在来看看 Greenfoot 界面上的控制按钮是怎样控制游戏程序运行的。在控制按钮区域单击"运行"按钮，可以让游戏自动运行。在运行过程中，"运行"按钮会转变为"暂停"按钮，单击它会使得游戏暂停运行。还有一个"复位"按钮，单击可以让程序还原到运行前的初始状态。可以调节"运行速度"滚动条来调节游戏的运行速度，当把滚动条中的滑块向右侧移动时，游戏的运行速度便加快了。若是想测试游戏角色的行为，则可以单击"单步"按钮来让游戏单步执行，每单击一次，游戏便运行一帧。而单击"运行"按钮实际上不过是循环地重复单步游戏程序。

"单步"按钮表示游戏在一个单位时间内的运行情况，但要注意，这里的单位时间并不是以秒或毫秒来度量的。因为每台计算机的硬件配置不同，运行情况有差异，所以编程时无法用精确的时间单位来计算游戏时间。这里所说的单位游戏时间是指游戏循环程序运行一次所耗费的那部分时间。

然而对于刚才创建的游戏来说，当游戏角色添加完毕后单击"运行"按钮，游戏似乎没有任何反应。此时程序虽然开始运行了，但角色并没有真正运动起来。这是因为虽然向场景中添加了游戏角色，但没有为角色编写任何的运动控制代码，所以角色还不能运动。需要打开角色子类的代码框，然后在其中编写运行代码，这在后面的章节中将会详细介绍。

1.4 Greenfoot 提供的主要 API

Greenfoot 为编程人员提供了丰富的 API（Application Programming Interface，应用程序接口），通过调用这些 API 可以方便地编写各种游戏操作。Greenfoot API 包含了几个主要的类：World 类、Actor 类、Greenfoot 类、MouseInfo 类、GreenfootImage 类和 GreenfootSound 类。

World 类和 Actor 类分别作为游戏场景和游戏角色的父类；Greenfoot 类提供了使用 Greenfoot 自身框架的入口，例如暂停游戏运行或调整游戏速度等；GreenfootImage 类是一个图像类，主要为游戏场景和游戏角色提供图形及图像的绘制方法；MouseInfo 类是一个提供鼠标输入信息的类，例如获取鼠标单击的坐标以及标示什么角色被单击等；GreenfootSound 类则提供了对游戏音频的播放和处理方法。表 1.1 ～表 1.6 分别列举了各类的主要方法。

表 1.1 World 类的主要方法

方 法	作 用
World(int worldWidth, int worldHeight,int cellSize)	创建一个新的游戏场景
void act()	执行一次游戏动作
void addObject(Actor object, int x, int y)	在坐标（x, y）处添加一个角色对象
GreenfootImage getBackground()	获取游戏场景的背景图像
int getCellSize()	获取游戏场景网格的尺寸

续表

方　　法	作　　用
Color getColorAt(int x, int y)	获取坐标（x, y）处的颜色值
int getHeight()	获取游戏场景的高度
int getWidth()	获取游戏场景的宽度
int numberOfObjects()	获取游戏场景中的对象数目
List getObjects(Class cls)	获取游戏场景中的指定角色对象列表
List getObjectsAt(int x, int y, Class cls)	获取坐标（x, y）处的指定角色对象列表
void removeObject(Actor object)	从游戏场景中删除指定的游戏角色
void removeObjects(Collection objects)	从游戏场景中删除一组游戏角色
void repaint()	重绘游戏场景图像
void setActOrder(Class... classes)	设置游戏中各对象的动作顺序
void setBackground(GreenfootImage image)	设置游戏场景的背景图像
void setBackground(String filename)	从图像文件中为游戏设置背景图像
void setPaintOrder(Class... classes)	设置游戏中各对象的绘制顺序
void started()	游戏开始时执行的动作
void stopped()	游戏停止时执行的动作
void showText()	在游戏场景的指定位置显示文字

表 1.2　Actor 类的主要方法

方　　法	作　　用
Actor()	创建一个游戏角色
void act()	执行一次角色的动作
protected void addedToWorld(World world)	当角色加入到游戏场景时执行的动作
GreenfootImage getImage()	获取游戏角色的图像
protected List getIntersectingObjects(Class cls)	获取与角色碰撞的指定对象列表
protected List getNeighbours(int distance, boolean diagonal, Class cls)	获取在给定范围内与角色相邻的指定对象列表
Protected List getObjectsAtOffset(int dx, int dy, Class cls)	获取角色目前位置偏移（dx, dy）处的指定对象列表
protected List getObjectsInRange(int r, Class cls)	获取角色周围半径为 r 的范围内的指定对象列表
protected Actor getOneIntersectingObject(Class cls)	获取一个与角色发生碰撞的指定对象
protected Actor getOneObjectAtOffset(int dx, int dy,Class cls)	获取角色目前位置偏移（dx, dy）处的一个指定对象
int getRotation()	获取游戏角色的角度
World getWorld()	获取游戏角色所在的游戏场景对象
int getX()	获取游戏角色目前位置的 x 坐标
int getY()	获取游戏角色目前位置的 y 坐标
protected boolean intersects(Actor other)	检测游戏角色是否与其他角色碰撞
void setImage(GreenfootImage image)	设置游戏角色的图像

续表

方　　法	作　　用
void setImage(String filename)	从图像文件中为游戏角色设置图像
void setLocation(int x, int y)	设置游戏角色的坐标位置
void setRotation(int rotation)	设置游戏角色的旋转角度
void move(int distance)	让角色朝着当前方向移动指定的距离
boolean isAtEdge()	检测角色是否到达游戏场景的边界
protected Boolean isTouching(Class cls)	检测角色是否与指定角色碰撞
protected void removeTouching(Class cls)	从游戏场景中移除碰撞到的指定角色
void turn(int amount)	将角色旋转指定的角度
void turnTowards(int x, int y)	将角色朝向指定的坐标位置

表 1.3　Greenfoot 类的主要方法

方　　法	作　　用
Greenfoot()	构造方法
static void delay(int time)	设置游戏的时间延迟
static String getKey()	获取键盘按键名称
static int getMicLevel()	获取话筒的输入音量
static MouseInfo getMouseInfo()	获取鼠标信息对象
static int getRandomNumber(int limit)	获取一个指定范围内的随机整数值
static boolean isKeyDown(String keyName)	检测键盘指定的键是否被按下
static boolean mouseClicked(Object obj)	检测鼠标是否在指定目标上单击
static boolean mouseDragEnded(Object obj)	检测鼠标是否在指定目标上结束了拖动
static boolean mouseDragged(Object obj)	检测鼠标是否拖动到指定目标上
static boolean mouseMoved(Object obj)	检测鼠标是否移到指定目标上
static boolean mousePressed(Object obj)	检测鼠标键是否在指定目标上被按下
static void playSound(String soundFile)	播放声音文件中的声音
static void setSpeed(int speed)	设置游戏的运行速度
static void start()	开始运行游戏
static void stop()	停止游戏运行
static void setWorld(World world)	设置游戏的场景

表 1.4　MouseInfo 类的主要方法

方　　法	作　　用
Actor getActor()	获取鼠标所操作的游戏角色对象
int getButton()	获取鼠标按键的编号
int getClickCount()	获取鼠标单击次数
int getX()	获取鼠标光标处的 x 坐标

续表

方　　法	作　　用
int getY()	获取鼠标光标处的 y 坐标
String toString()	获取鼠标信息的字符串

表 1.5　GreenfootImage 类的主要方法

方　　法	作　　用
GreenfootImage(GreenfootImage image)	基于已有图像对象来创建新的图像对象
GreenfootImage(int width, int height)	创建指定大小的空白图像对象
GreenfootImage(String filename)	从图像文件中创建图像对象
void clear()	清除图像的内容
void drawImage(GreenfootImage image, int x, int y)	在坐标 (x, y) 处绘制指定图像对象
void drawLine(int x1, int y1, int x2, int y2)	绘制线段
void drawOval(int x, int y, int width, int height)	绘制椭圆
void drawPolygon(int[] xPoints, int[] yPoints, int nPoints)	绘制多边形
void drawRect(int x, int y, int width, int height)	绘制矩形
void drawString(String string, int x, int y)	绘制字符串
void fill()	使用当前颜色填充整个图像区域
void fillOval(int x, int y, int width, int height)	填充椭圆形区域
void fillPolygon(int[] xPoints, int[] yPoints, int nPoints)	填充多边形区域
void fillRect(int x, int y, int width, int height)	填充矩形区域
Color getColor()	获取目前的画笔颜色
Color getColorAt(int x, int y)	获取坐标 (x, y) 处的像素颜色
Font getFont()	获取目前的字体
int getHeight()	获取图像的高度
int getTransparency()	获取图像的透明度
int getWidth()	获取图像的宽度
void mirrorHorizontally()	水平翻转图像
void mirrorVertically()	垂直翻转图像
void rotate(int degrees)	围绕中心旋转图像
void scale(int width, int height)	根据指定尺寸缩放图像
void setColor(Color color)	设置目前的画笔颜色
void setColorAt(int x, int y, Color color)	设置坐标 (x, y) 处的像素颜色
void setFont(Font f)	设置字体
void setTransparency(int t)	设置图像透明度
String toString()	获取图像的字符信息

表 1.6　GreenfootSound 类的主要方法

方　　法	作　　用
GreenfootSound(String filename)	从声音文件创建一个音频对象
boolean isPlaying()	检测音频是否播放
void pause()	暂停播放音频
void play()	播放音频
void playLoop()	循环播放音频
void stop()	停止播放音频
int getVolume()	获取音频的音量
void setVolume(int level)	设置音频的音量
String toString()	获取音频的字符信息

　　若想要了解各个类的具体使用方法，可以在 Greenfoot 菜单栏的"帮助"菜单项中选择"Greenfoot 类文档"选项，或者直接在 World 类或 Actor 类上双击。Greenfoot API 的说明文档和 Greenfoot 软件集成在一起，不需要联网就可以查看，如图 1.21 所示。Greenfoot API 的详细资料参见本书的附录部分。

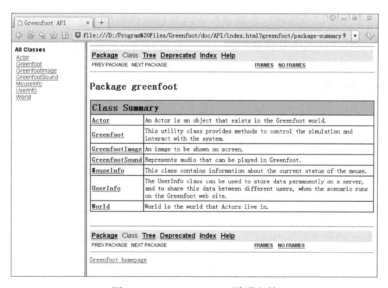

图 1.21　Greenfoot API 说明文档

第 2 章
Greenfoot 游戏设计原理

本章将介绍 Greenfoot 的基本编程方法，以及使用 Greenfoot 设计游戏的基本原理，内容主要包含：运动模拟、碰撞检测、输入控制以及图像和声音的处理等。Greenfoot 提供了丰富的 API 来协助游戏程序的编写，本章将详细介绍常用的 Greenfoot API 的使用方法，从而让读者快速掌握 Greenfoot 游戏编程的基本原理和方法。

2.1 设置游戏场景和角色

第 1 章介绍了如何创建游戏场景和角色，以及如何将角色添加至场景中。接下来进一步介绍如何设置游戏场景的大小及背景图像，以及如何对游戏角色进行初始化处理。

2.1.1 调整游戏场景的大小

Greenfoot 中的游戏场景是由网格构成的，而游戏角色则被放置于场景网格中。游戏场景的网格划分有两种基本情况，一种情况是：每个游戏角色对象占据一个大网格（即每个网格要能够容纳一个完整的角色）；另一种情况是：每个游戏角色需要占据多个小网格。

通过调用 super 语句，可以在父类（World 类）的构造方法中指定游戏场景的大小和网格的大小。例如执行以下语句：

```
super(10, 8, 60);
```

这将会得到一个 10 格宽、8 格高，每个网格尺寸为 60 像素 ×60 像素的游戏场景。World 类构造方法的完整形式如下：

```
public World(int worldWidth, int worldHeight, int cellSize)
```

需要注意的是，所有游戏角色在场景中的定位都是基于网格的，不能把游戏角色放置在网格之间（尽管一个角色图像可能比网格大，但那也只是覆盖了多个网格）。

游戏场景网格的大小决定着游戏角色运动的平滑性及碰撞检测的方便性。具体来说，若将角色限制在大网格中往往会造成不连续的运动效果。例如"Wombats"游戏实例使用了尺寸为 60 像素 × 60 像素的网格，这样一来，每当树袋熊向前移动一步，它们的图像就会在屏幕上移动 60 个像素。另一方面，在各种角色能完全被网格容纳的场景中，某种角色检测同一个位置中的其他角色是很简单的，因为这时不需要利用图像去检测，只需查看同一个网格中是否存在其他角色。当然，检测邻近网格中的角色也很容易。

2.1.2　设置游戏的背景图像

首先需要提供一张合适的背景图片。Greenfoot 的安装文件里自带了许多的背景图片，可以在创建类的时候选择其中一张作为游戏的背景，或者在类的弹出菜单中单击"设置图像"选项，然后在图片库中选择。在 Greenfoot 的官方网站上有更多可用的背景图片，若想使用来自官方网站或是自己制作的图片，可以把它们放进项目文件夹的"images"文件夹内。接下来便可以打开"设置图像"或"新建子类"对话框，从图像列表中选择合适的图片。

此外也可以通过 Java 程序代码来设置背景图片，方法如下：

```
setBackground("myImage.jpg");
```

参数"myImage.jpg"表示要使用图片的文件名。假设把名为"sand.jpg"的图片放进游戏项目的"images"文件夹里，那么可以在构造方法中这样写：

```
public MyWorld() {
super(20, 20, 10);
setBackground("sand.jpg");
}
```

于是这个图片就会像贴瓷砖一样铺满整个游戏场景。需要注意的是，若想得到连续的背景，就要选用能准确匹配场景边缘的图片，或者选用一张足够大的图片来覆盖整个场景。

如果想用程序代码给背景上色，或用它来代替图像文件，也是很简单的事情。World 类拥有一个背景对象，在默认情况下，它跟场景大小相同并且完全透明。可以调出背景对象，并给它附加一些图像绘制的命令，例如：

```
GreenfootImage background = getBackground();
background.setColor(Color.BLUE);
background.fill();
```

这样一来，整个背景将会充满蓝色。

此外还可以将上面这两种方法结合起来，即先导入一张图片，然后进行一些处理，最后用这张修改过的图片作为游戏的背景。程序代码如下：

```
GreenfootImage background = new GreenfootImage("water.png");
background.drawString("WaterWorld", 20, 20);
setBackground(background);
```

需要说明的是，虽然游戏的背景图像在默认的 World 类构造方法中仅仅设定了一次，然而在游戏运行的过程中，仍然可以动态地改变背景。

2.1.3 初始化游戏角色对象

和大多数 Java 项目一样，游戏角色对象的初始化通常都是通过构造方法完成的。然而，有些初始化任务却不能在这里完成，因为在对象被创建的过程中，它尚未被放入游戏场景。在执行角色对象的构造方法时，Greenfoot 会首先创建角色对象，随后才将该对象放入游戏场景。由于执行构造方法的时刻对象并没有存在于游戏场景中，因此像 getWorld()、getX() 和 getY() 这样的方法就不能在构造方法中调用。

由此可见，如果想实现一些方式（例如在场景中创建其他对象，或者根据附近的其他对象变换图片）作为初始化方法的组成部分，就需要获取游戏场景的入口，但是这个入口是不能在构造方法中获取的。于是需要利用另一个初始化方法——addedToWorld() 方法，每个游戏角色类都从父类继承了这个方法。该方法的形式如下：

```
public void addedToWorld(World world)
```

当角色被添加到游戏场景中的时候，这个方法会被自动调用。因此，在游戏角色对象被添加的时候，如果要执行特定的任务，只需要在游戏角色类中定义一个 addedToWorld() 方法，然后在其中编写与任务相关的代码即可。

2.2 实现角色移动

每当单击 Greenfoot 界面上的"单步"按钮时，场景中每个对象的 act() 方法就会被自动调用，act() 方法的完整形式如下：

```
public void act()
```

事实上，单击"运行"按钮的效果其实就是快速地重复单击"单步"按钮。也就是说，只要游戏在运行，act() 方法就会被一次接一次地重复调用。

若要让游戏角色对象在屏幕上移动，可以直接修改对象的属性。游戏角色有 3 个属性与其显示效果有关，分别是位置（由 x、y 坐标确定）、旋转角度和图像，只要改变其中任意一个属性，角色在屏幕上的显示方式就会改变。Actor 类提供了改变这些属性的方法。

2.2.1　改变位置

若要改变游戏角色的位置，可使用下面的代码：

```
public void act() {
    int x = getX();
    int y = getY();
    setLocation(x + 1, y);
}
```

以上代码的作用就是让角色向右移动一个网格的距离。它首先获得角色的当前坐标，然后为角色设置一个新的 x 坐标。该段代码还可简化为如下形式：

```
public void act() {
    setLocation(getX() + 1, getY());
}
```

游戏场景的位置坐标实质上是网格单元的索引值，例如（0，0）点代表的是游戏场景左上角的第一个网格，右侧的网格其 x 值增加，下方的网络则其 y 值增加。在图 2.1 所示的"Wombats"游戏中，树袋熊角色当前所处位置的坐标为（2，2），倘若执行了上面的代码，则其坐标将变为（3，2）。

也可以用更简单的方式来让角色移动，例如可以编写如下代码：

```
public void act() {
    move(1);
}
```

以上代码表示让角色朝着当前的方向移动 1个网格的距离。

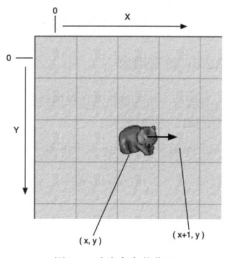

图 2.1　改变角色的位置

2.2.2　改变旋转角度

与改变位置类似，可以改变游戏角色的旋转角度，程序代码如下：

```
public void act() {
    int rot = getRotation() + 1;
    if (rot == 360) {
        rot = 0;
    }
    setRotation(rot);
}
```

以上代码首先获取角色当前的角度，然后将其角度值增加一个单位后重新设置旋转角度。当游戏运行时，该角色便会沿着顺时针方向慢慢转动。

需要注意的是，旋转角度值的有效范围是 0° ~ 359°，并且角度值是沿顺时针方向增加的。因此，在上面的代码中需要检查 rot 值是否达到 360°，若达到则需将其值重新设置为 0。图 2.2 展示了角色旋转的原理。

也可以将角色转动的代码用更简洁的形式来表达，代码如下所示：

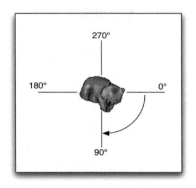

图 2.2　改变角色的旋转角度

```java
public void act() {
    turn(1);
}
```

在以上代码中，角色会根据当前的角度顺时针旋转 1°。

2.2.3　改变图像

最后一个能被自动反映的角色属性是角色的图像。角色图像改变后会立即表现在屏幕上，如以下代码所示：

```java
public void act() {
    if (hasEaten()) {
        setImage("happy.jpg");
    }
    else {
        setImage("sad.jpg");
    }
}
```

这段代码根据 hasEaten() 方法的返回值来设定相应的图片。有两种 setImage 方法，一种接受一个图片文件名作为参数，另一种则接受一个 GreenfootImage 类型的对象作为参数。

2.2.4　实现随机行为

在 Greenfoot 中，游戏角色的随机行为是基于随机数字的，而生成随机数字是相当容易的。Greenfoot 有一个叫作"Greenfoot"的内置类，它属于 Greenfoot 框架的一部分。这个类有一个叫作 getRandomNumber() 的方法，形式如下：

```java
public int getRandomNumber(int limit)
```

需要注意的是，该方法获得的随机数总是在 0（包括）和指定的参数 limit（不包括）之间。如果需要得到一个随机数字，可以随时调用这个方法，例如：

```
int myNumber = Greenfoot.getRandomNumber(10);
```

在这个例子中，将会得到一个范围在 0 ~ 9 的整数值。一旦得到随机数字，使用它们来表示随机行为便非常简单。例如：

```
if (Greenfoot.getRandomNumber(2) == 0) {
    turnLeft();
}
else {
    turnRight();
}
```

以上代码中获取的随机数字为 0 或 1，为 0 时命令游戏角色向左转，为 1 时则令其向右转。

2.3 图像处理

Greenfoot 提供各种不同的方法来设置游戏角色的图像，主要有以下 3 种方法：

（1）使用游戏角色类的图像；

（2）从磁盘上加载图片文件；

（3）编写程序代码来绘制图像。

2.3.1 使用游戏角色类的图像

每个游戏角色类都有一幅默认图像。它会在创建类的时候被指定，除此以外还可以用类的右键菜单中的"设置图像"功能进行替换。若想让游戏角色对象使用该角色类的图像，则不需要编写特别的图像处理代码，角色类的图像会被自动地用来显示角色对象。

2.3.2 使用图片文件

通过调用游戏角色对象的 setImage() 方法，可以轻松地为指定角色对象修改图像。使用 setImage() 方法时，会从磁盘加载一张图片，其参数用来指定文件名，并且这个文件必须存放到游戏项目的"images"文件夹中。

如果对象的图像需要频繁改变，或者需要迅速切换，那么比较好的做法是：从磁盘上加载图片并把它保存在 GreenfootImage 类型的对象中。下面的代码片段阐述了这种方式：

```java
public class Ant extends Actor {
    private GreenfootImage foodImage;
    private GreenfootImage noFoodImage;

    public Ant() {
        foodImage = new GreenfootImage("ant-with-food.gif");
        noFoodImage = new GreenfootImage("ant.gif");
    }

    private boolean takeFood() {
        ...
        setImage(foodImage);
    }

    private boolean dropFood() {
        ...
        setImage(noFoodImage);
    }
}
```

以上代码描述了一种设置图像的方法：使用 GreenfootImage 对象作为 setImage() 方法的参数。GreenfootImage 对象可以用文件名作为其构造方法的参数，而生成的对象则可以被重复使用。这种方法保存了资源并且执行速度快，非常适合于图像频繁改动的情况。

需要指出的是，Greenfoot 中区分文件名的大小写，例如"image.png""Image.png"和"image.PNG"分别代表着不同的文件。因此必须使用正确的文件名称，否则 Greenfoot 找不到相应的图片。

2.3.3 生成图像

在 Greenfoot 中还可以通过编写代码来生成图像。当图像有很多细节的变动时，这种方法非常有用，而且绘制起来也很简单。在生成图像之前，需要创建一个 GrenfootImage 对象，内容可以是一张空白图像、一张图片或是角色类的默认图像。要创建一张空白图像，首先需要将图像的宽度值和高度值传到 GreenfootImage 对象的构造方法中。如下代码创建了一个宽度为 60 像素、高度为 50 像素的空白图像：

```java
GreenfootImage image = new GreenfootImage(60, 50);
```

此外，还可以通过已经存在的 GreenfootImage 对象来创建一个图像副本进行绘制，代码如下：

```java
GreenfootImage image_copy = new GreenfootImage(image);
```

2.3.4　绘制图像

GreenfootImage 类提供了各种方法来绘制图像，主要包括以下几种：

（1）绘制直线、矩形、椭圆（包括圆）和多边形；

（2）绘制实心的矩形、椭圆和多边形；

（3）设置单个像素的色彩；

（4）为整张图像填充统一的色彩；

（5）在图像上写一串文字；

（6）把另一张 GreenfootImage 图像复制到一张图像上；

（7）缩放、旋转和翻转图像；

（8）设置图像的透明度。

在使用任何绘制方法之前，首先需要设置画笔的颜色，这可以通过调用 GreenfootImage 对象的 setColor() 方法来实现。该方法的参数是 Java 类库中预先定义好的 Color 对象，例如 "Color.BLACK" 表示黑色。由于引用了 Java 类库中的一个类，因此必须告诉编译器位置，这就要在 Java 文件的顶部添加一条 "import" 语句，所导入的包的完整名称为 java.awt. Color，代码如下：

```
import greenfoot.*;
import java.awt.Color;
```

然后便可以设置自己喜欢的颜色：

```
image.setColor(Color.BLACK);
```

1. 绘制线段

可以调用 drawLine() 方法在图像上画一条线段。这个方法需要 4 个参数，前两个参数用来指定线段的起点，后两个参数用来指定线段的终点。一张图像的起始坐标是左上角的（0，0），并且以像素为单位。

下面的代码在图像顶部绘制一条长度为 15 像素的线段：

```
image.drawLine(0, 0, 14, 0);
```

这条线段起始于图像左上角的（0，0）点，结束于（14，0）点。需要注意的是，第 15 个像素的 x 坐标是 14，而第 1 个像素的 x 坐标是 0，如图 2.3 所示。

如果想画一条穿越整个图像顶端的线段，可以使用以下代码：

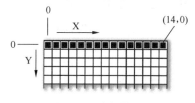

图 2.3　绘制线段

```
image.drawLine(0, 0, image.getWidth()-1, 0);
```

下面的代码将绘制一条从图像左上角（0，0）点到中部右方（59，25）点的线段：

```
image.drawLine(0, 0, 59, 25);
```

2. 绘制圆、矩形或其他形状

可以调用 drawRect() 方法绘制矩形。这个方法也需要 4 个参数：矩形左上角的坐标（x，y）以及宽度和高度。下面的代码将会从图像的左上角开始，绘制一个以（0，0）点为起点的宽度为 60 像素、高度为 30 像素的矩形：

```
image.drawRect(0, 0, 60, 30);
```

若想绘制一个环绕整个图像边缘的矩形，则可使用下面的代码：

```
image.drawRect(0, 0, image.getWidth()-1, image.getHeight()-1);
```

圆和椭圆可以通过调用 drawOval() 方法进行绘制，这需要指定椭圆左上角的坐标，以及宽度增量和高度增量。

若想画一个宽 21 像素、高 11 像素、起点在（5，10）点的椭圆（如图 2.4 所示），可以使用下面的代码：

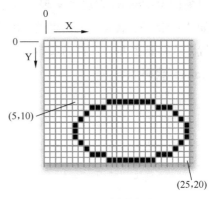

```
image.drawOval(5, 10, 20, 10);
```

此外，还可以调用 drawPolygon() 方法绘制更多结构复杂的多边形，这需要指定一个 x 坐标数组、一个 y 坐标数组和顶点的数量。这些坐标点将按照数组顺序依次进行连接，然后从终点向起点闭合（闭合多边形）。

图 2.4　绘制椭圆

需要指出的是，以上 3 种方法都有相应的"fill"版本，即用来绘制实心图形，而不仅仅是图形的轮廓。填充时使用了跟轮廓一样的颜色，并且是最近传入 setColor() 方法的颜色。若想绘制一个填充和轮廓颜色不同的图形，需要先设置一种颜色进行填充，然后重新设置一种颜色来绘制轮廓，代码如下：

```
image.setColor(Color.BLACK);
image.fillRect(5, 10, 40, 20);
image.setColor(Color.RED);
image.drawRect(5, 10, 40, 20);
```

3．绘制文本

可以调用 drawString() 方法在图像中插入文本。这个方法需要的参数为待插入的字符串以及第一个字符的基线坐标。可以调用 setFont() 方法设置字体，而得到一个字体对象的简便方法则是调用 deriveFont() 方法来复制一个字体对象。此外，还可以调用 getFont() 方法获得当前图像正在使用的字体。若要使用字体类的方法，则需要先在 Java 文件的顶部导入相应的包：

```
import java.awt.Font;
```

以下代码可以得到一个大小为 48 的字体对象。

```
Font font = image.getFont();
font = font.deriveFont(48);
image.setFont(font);
```

字体设置完成后就可以被 drawString 调用（如图 2.5 所示）。

```
image.drawString(title, 60, 101);
```

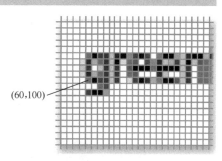

(60,100)

图 2.5　绘制字体

4．复制图像

GreenfootImage 提供了把一个图像写入另一个图像的方法。如果想在角色图像里添加一个图标来表现这个角色的行为特征，可以使用这个方法。把一个图像写入另一个图像很简单，可以通过调用这个图像对象中的 drawImage() 方法来实现，同时需要传入被复制的图像和目标位置的坐标。代码如下：

```
image.drawImage(new GreenfootImage("smaller-image.png"), 10, 10);
```

5．缩放、翻转及旋转图像

图像可以缩放（拉伸或压缩）、垂直或水平翻转，以及旋转。

可以调用 scale() 方法来缩放图像。该方法需要两个整数作为参数，分别用来表示图像缩放后的宽度和高度。调用该方法后图像就会被拉伸（或压缩）到指定的尺寸。

若要得到图像的镜像，可以使用 mirrorVertically() 或 mirrorHorizontally() 方法中的一个，它们分别对图像进行垂直翻转和水平翻转操作。这两个方法不需要参数，在调用后会沿着恰当的中心线翻转图像。

还可以使用 rotate() 方法旋转图像，它需要传入角度数值作为旋转参数。需要注意的是，如果参数不是 90° 的倍数，那么图像边角的部分就会被切掉，而图像仍然会有水平和垂直边缘。

事实上，调用游戏角色对象的 setRotation() 方法产生的转动效果通常更加完美，因为它是在一个不同的角度合理显示图像，而不是改变图像本身。此外，角色对象的 setRotation() 方法可以记忆自身的旋转，这可以用来定义对象的移动方向，而 GreenfootImage 对象的 rotate() 方法只能用指定的角度值旋转图像，而不会改变角度值。以上两种方法的区别如图 2.6 所示。

6. 设置透明度

可以调用 setTransparancy() 方法调整图像的透明度，它可以使用户看见图像之下的其他对象和背景。这个方法需要一个参数，取值范围为 0 ~ 255：0 表示完全透明，255 表示完全不透明。若参数的数值较低，看清图像将会比较困难，如图 2.7 所示。

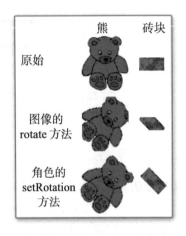

图 2.6　两种旋转图像的方法

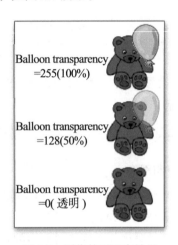

图 2.7　图像的透明度效果

7. 处理单个像素

可以使用 setColorAt() 方法为每个独立的像素点设置颜色，这需要将该点的（x，y）坐标和颜色值传入方法进行设置。例如以下代码：

```
GreenfootImage image = new GreenfootImage(SIZE, SIZE);
image.setColorAt(x, y, color);
setImage(image);
```

2.4　碰撞检测

Greenfoot 的一个很奇妙的特性是在游戏场景中检测角色对象的机制。Greenfoot 提供了很多方法来检测角色对象，以便适应不同场景的需求，这主要分为两种不同的类型：一种完全基于角色对象的位置，另一种则基于角色对象的图像。

2.4.1　基于网格单元的碰撞检测

在一些游戏场景中，例如"Wombats"游戏示例所展示的那样，游戏角色对象完全被包含在网格单元中。当树袋熊寻找树叶来吃的时候，它们会看看当前位置是否有树叶，树袋熊的 foundLeaf() 方法中包含实现这种功能的代码：

```
Actor leaf = getOneObjectAtOffset(0, 0, Leaf.class);
```

这个方法返回一个树袋熊当前相对位置的对象。方法的前两个参数指定当前位置的偏移量，在这个例子中是（0，0），因为它们只能吃到当前网格中的树叶，第 3 个参数指定需要寻找的对象的类型，这个方法仅能获取给定类或子类的对象。

如果是一个特别贪吃的树袋熊，能一口气吃掉网格中的多片树叶，则可以调用下面这个方法来获取多个树叶对象：

```
List leaves = getObjectsAtOffset(0, 0, Leaf.class);
```

如果想让树袋熊在移动之前先环顾四周的树叶，有一些方法可供选择。例如想让树袋熊仅能看见东南西北 4 个相邻的单元，可以使用下面的方法：

```
List leaves = getNeighbours(1, false, Leaf.class);
```

以上语句能获取距离树袋熊一步的网格中的对象，但位于对角线上的网格不包含在内，如果想包括对角线上的网格，则需要把该方法的第 2 个参数由 false 替换成 true。此外，如果想让树袋熊看得更远，则可以把该方法的第 1 个参数值由 1 增加到更大。图 2.8 中的两幅图像分别显示了为该方法指定不同的参数之后会涉及的网格。

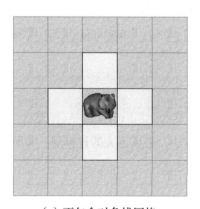 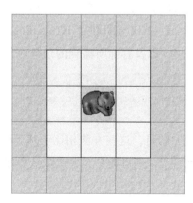

（a）不包含对角线网格　　　　　　　（b）包含对角线网格

图 2.8　调用 getNeighbours() 方法对不同的网格进行检测

此外，还有一个和 getNeighbours() 方法功能类似的方法：

```
List leaves = getObjectsInRange(2, Leaf.class);
```

以上语句能获取距离树袋熊两个网格单位之内的所有树叶对象，如图 2.9 所示。

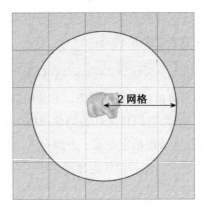

图 2.9　调用 getObjectsInRange() 方法进行检测

2.4.2　基于角色图像的碰撞检测

有时候仅仅使用网格的位置进行碰撞检测显得不够精确，因此 Greenfoot 还提供了几个方法来检测游戏角色的图像是否发生了重叠，程序代码如下：

```
Actor leaf = getOneIntersectingObject(Leaf.class);
List leaves = getIntersectingObjects(Leaf.class);
```

以上 getOneIntersectingObject() 方法获取一个与指定角色发生碰撞的游戏角色对象；而 getIntersectingObjects() 方法则获取与指定角色碰撞的所有角色对象，并保存在列表集合中。

此外，Greenfoot 还提供了 isTouching() 方法和 removeTouching() 方法来判断是否与某个角色发生碰撞，以及移除所碰到的角色对象，程序代码如下：

```
if (isTouching(Leaf.class)) {
    removeTouching(Leaf.class);
}
```

需要说明的是，这些方法相比于基于网格的方法，需要更大的计算量，如果游戏中生成了很多角色对象，则可能会大大地降低程序的执行速度。

2.5　输入控制

Greenfoot 支持对键盘和鼠标的控制方式，并提供了相应的类和方法来处理键盘及鼠标的输入事件。

2.5.1　键盘控制

在 Greenfoot 中使用键盘有两种方式：按住键盘执行连续动作和敲击键盘执行独立动作。当键盘上的各个键传入方法或从方法返回时，使用的是它们的名字。可接受的名字如下所示：

❑ a ～ z（字母键），0 ～ 9（数字键），以及绝大多数的标点符号；

❑ Up、Down、Left、Right（方向键）；

❑ Enter、Space、Tab、Escape、Backspace（辅助键）；

❑ F1 ～ F12（功能键）。

1. 连续动作：长按一个键

在游戏中往往需要根据玩家的按键来执行相应的动作，这是通过调用 Greenfoot 类的 isKeyDown() 方法来实现的。在一个角色对象的 act() 方法中可以调用这个方法，它使用键名作为参数，如果按下对应的键则会返回 true。下列代码用于判断 Right 键是否被按下：

```
if (Greenfoot.isKeyDown("right")) {
    move(1);
}
```

以上程序当检测到 Right 键被按下时，则将角色向前移动一步。需要说明的是，在这个方法中应用字母键时，大写或小写字母都可以作为这个方法的参数。

2. 独立动作：敲击一个键

调用 Greenfoot 类的 getKey() 方法之后，可以得到最近使用的键名。这个方法可以用来执行独立的动作，但要注意：这个键必须是敲击而不是长按，例如射击子弹的动作：

```
if (Greenfoot.getKey().equals("space")) {
    fireGun();
}
```

以上程序使用了比较字符串的方法 equals()。不同于比较数字，使用字符串的 equals() 方法比用 == 运算符效果更好，因为字符串是对象（和角色一样），而 == 运算符用作对象间的比较时，是判断它们是否为同一个对象，而不是比较它们的内容是否相同。

需要指出的是，getKey() 方法被调用后将返回最后一个按键值，如果这个方法暂时没有被调用，那么最近可能没有按键事件发生。同样，如果同时按下两个键，或连续两次调用 getKey() 的间隔很短，那么只会返回最后一次调用的结果。

2.5.2　鼠标控制

Greenfoot 提供了一些方法来测试用户是否进行了鼠标操作，这些方法包含在 Greenfoot

类中，分别是：mouseClicked()、mouseDragged()、mouseDragEnded()、mouseMoved() 以及
mousePressed()。这些方法通常需要传入一个角色对象作为参数，它被用来判断是否对该角色
执行了某种鼠标操作（单击、拖动、移动等）。这个参数也可以是 World 对象，用来判断是否
在一个没有角色的区域执行了鼠标操作。

如果在指定的角色或场景里执行了恰当的鼠标操作，那么这些方法就会返回 true，否
则返回 false；如果鼠标行为覆盖了很多角色，只有最上面的一个会返回 true；如果鼠标操
作的是游戏场景，并且鼠标行为没有发生在任何游戏角色上，那么这些方法只会返回 true；
如果鼠标操作方法是在 act() 方法中调用的，那么参数通常是某个游戏角色对象本身，这
需要使用"this"关键字。例如，一个角色被单击时它可以使用下面的方法改变自己的
图像：

```
if (Greenfoot.mouseClicked(this)) {
    setImage(clickedImage);
}
```

鼠标操作各方法的主要作用分别是：mousePressed() 方法用来判断鼠标键是否被按下；
mouseClicked() 方法用来判断鼠标按下后是否被释放；mouseMoved() 方法用来判断鼠标是否
经过指定对象的显示区域；mouseDragged() 方法用来判断鼠标是否在按下的情况下经过对象
的显示区域；mouseDragEnded() 方法用来判断鼠标拖动后是否被释放。

除此之外，还可以调用 getMouseInfo() 方法返回一个 MouseInfo 对象，使用这个对象可
以获取鼠标操作的各种信息，如目标角色、单击的按钮（鼠标左键或右键）、单击次数（单击
或双击）以及鼠标指针的坐标等。

2.6 播放声音

在 Greenfoot 中播放音频是非常简单的，所需要做的只是将待播放的声音文件复制到游
戏项目的"sounds"文件夹中，然后调用 GreenfootSound 类的 playSound() 方法即可，该方
法使用音频文件名作为参数。

例如，想要游戏里播放一个叫作"Explosion.wav"的声音文件，于是可将这个文件放置
在"sounds"文件夹中，并通过下面这行代码播放：

```
Greenfoot.playSound("Explosion.wav");
```

在 Greenfoot 中播放的这些音频文件必须是 WAV、AIFF 或 AU 格式的文件。Greenfoot
不支持所有的 WAV 文件，如果一个 WAV 文件不能播放，它需要被转换成"16 位 PCM"类
型的 WAV 文件。很多音频程序都可以实现这种转换操作，例如优秀的免费音频处理软件

Audacity 等。

需要注意的是，声音文件名是区分大小写的（如"sound.wav""Sound.wav"以及"sound.WAV"代表着不同的文件），如果使用了错误的拼写，系统会抛出 IllegalArgumentException 异常，同时该声音文件将不会被播放。

若要播放一段完整的音乐，并对音乐的播放进行控制，则需要建立 GreenfootSound 对象，它支持 mp3 格式的音乐文件。Greenfoot API 的 GreenfootSound 类定义一些操作音乐播放的基本方法，如 play()、pause() 和 stop() 方法，分别用来播放音乐、暂停音乐和停止音乐。播放音乐的程序如下所示：

```
GreenfootSound music = new GreenfootSound ("music.mp3");
music.play();
```

此外，还可以循环播放音乐，程序如下所示：

```
if (!music.isPlaying()) {
    music.playLoop();
}
```

以上代码中的 isPlaying() 方法用来判断音乐是否播放完毕，而 playLoop() 方法用来重新播放音乐。

2.7　游戏运行控制

Greenfoot 类提供了一些方法来控制游戏的运行。Greenfoot 能够开始、停止、暂停游戏运行，同时还能够设定游戏运行的速度。除此之外，可以通过 World 类来设置游戏角色在屏幕上的显示顺序，以及设置游戏角色调用 act() 方法的顺序。

2.7.1　停止运行游戏

Greenfoot 类提供的 stop() 方法可以停止游戏运行，这通常在所有操作完成之后被调用的，程序代码如下：

```
if (getY() == 0) {
    Greenfoot.stop();
}
```

一般来说，在程序中调用 stop() 方法相当于用户在 Greenfoot 界面中按下"暂停"按钮，此后用户可以单击"单步"或"运行"按钮继续运行游戏。但是在上面这个例子中，由于 if 语句的条件始终为 true，调用 stop() 方法后游戏就会停止运行，因此这时反复单击"运行"

按钮并没有效果。

2.7.2　设定游戏的运行速度

可以调用 Greenfoot 类的 setSpeed() 方法来设定游戏的运行速度。在 World 类的构造方法中可以为游戏设定合适的运行速度，下列语句将游戏的运行速度设置为 50：

```
Greenfoot.setSpeed(50);
```

2.7.3　推迟游戏的运行

Greenfoot 类的 delay() 方法可以推迟游戏的运行，该方法的参数指定了推迟的时间步数。需要注意的是，在不同的机器中运行游戏时，被推迟的时间长度可能会有不同，这取决于各机器中程序代码的执行速度。下列语句将游戏的运行推迟 10 个时间步：

```
Greenfoot.delay(10);
```

一般来说，当调用 delay() 方法的时候，游戏场景中所有角色的运行活动都会被推迟。如果想让一些角色继续活动，或者想在这段时间里添加能继续活动的角色，那么可以定义相关的布尔变量，当需要使用 delay() 时将其设为 true，而其余时间则将其设为 false，程序代码如下：

```
public void act(){
    if (!isPaused()) {
        …
    }
}
```

2.7.4　设定角色的显示顺序

World 类的 setPaintOrder() 方法用来设定各游戏角色在屏幕上的显示顺序。显示顺序由类名称所指定，某个类的对象会总是出现在其他类的对象的上面。该方法的参数列表中第一个列出的类的对象会出现在之后列出的所有其他类的对象之上，没有明确指定的类的对象会从它们的父类那里继承显示顺序，而参数列表中没有列出的类的对象则会出现在已列出类的对象的下面。

这个方法通常只能在 World 子类的构造方法中被调用。例如以下程序代码所示：

```
setPaintOrder(Ant.class,Counter.class,Food.class,AntHill.class,Pheromone.class);
```

执行该语句后，Ant 类的对象会一直出现在其他类角色之上。

需要说明的是，若想在角色类中调用这个方法，则首先获取当前游戏场景的对象，而这可以调用 getWorld() 方法来实现，程序代码如下：

```
getWorld().setPaintOrder(MyActor.class, MyOtherActor.class);
```

2.7.5   设定角色的行为顺序

World 类的 setActOrder 方法用来设定游戏角色的 act() 方法的调用顺序。类似于 setPaintOrder() 方法，角色的行为顺序由类名称指定并且同类对象的顺序不能被指定。

在游戏的每一轮执行中（如单击一次"单步"按钮),act() 方法都会在各个对象中被调用，并且它们会根据 setActOrder() 方法列表中设定的顺序依次执行。

最后需要指出的是，当游戏开始运行之后，Greenfoot 会自动调用当前 World 对象的 started() 方法，而当游戏停止时则会自动调用 stopped() 方法。如果想在游戏开始或停止时执行一些特定的代码，需要在 World 子类中覆写这些方法，程序代码如下：

```
public void started() {
    ......                  // 添加游戏开始时执行的代码
}

public void stopped() {
    ......                  // 添加游戏停止时执行的代码
}
```

2.8   导出游戏

Greenfoot 提供了 4 种方法来导出游戏项目。单击"剧本"菜单下的"导出"选项，或者单击 Greenfoot 界面右上角的"导出"按钮，便可以看 4 个选项，它们分别表示：

（1）将游戏项目发布到 Greenfoot 作品库；
（2）将游戏项目以网页的形式导出；
（3）将游戏项目以应用程序的形式导出；
（4）将游戏项目导出为单独的 Greenfoot 项目文件。

2.8.1   将游戏项目发布到 Greenfoot 作品库

Greenfoot 作品库的网址是 www.greenfoot.org/scenarios，它为 Greenfoot 用户提供了一个和他人分享游戏制作的场所，在其中可以测试他人制作的游戏，还可以留下或收到反馈信息。Greenfoot 作品库的页面如图 2.10 所示。

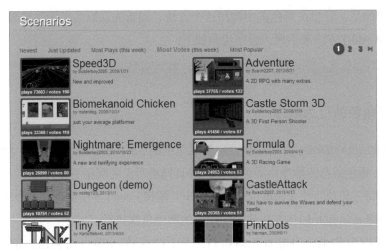

图 2.10　Greenfoot 作品库的页面

　　若要把游戏项目发布到作品库中，首先需要建立一个账户，可以通过作品库的主页链接或者单击导出窗口底部的"创建账号"链接。一旦创建了一个账户，则以后每次想要发布游戏的时候，只需要在导出窗口中输入该账户的用户名和密码即可。

　　作品库上的每个游戏都有一个图标，这通常是游戏的截图。可以选择显示在"剧本图标"框里的图标，它显示了游戏当前的画面。此外，可以使用方框旁边的滑块来放大或缩小画面，还可以在框里拖动画面（放大之后）来选择合适的区域。如果在游戏运行后执行了暂停操作，那么图标就可以显示游戏当前的运行画面。

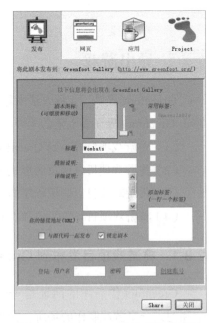

　　导出窗口的"发布"页面给提供了一块区域用于填写游戏的发布信息，如图 2.11 所示。在这里可以为游戏输入一个名字，还可以输入游戏的简短描述和详细描述。在 Greenfoot 作品库中，游戏的简短描述会被显示在游戏列表的后面，如显示在搜索结果页面上；游戏的详细描述则会被嵌入到游戏项目的页面中，并且可以包含注释和使用说明。

　　Greenfoot 作品库使用标签分类来管理游戏项目，因此需要为游戏设置一个标签。标签通常只有一个单词，或是用连接字符衔接的少量单词，而且在文本框中每行只能写一个标签。

　　此外，还可以为游戏场景选择两个额外的选项。例

图 2.11　Greenfoot 的发布游戏界面

如，如果勾选了"与源代码一起发布"复选框，作品库中的其他用户将可以下载游戏来查看源代码，并能在他们的电脑上修改和运行；如果勾选了"锁定剧本"复选框，则可以防止其他用户在游戏运行前改变其执行速度和拖动游戏角色对象。

一旦填完所有资料，并输入了用户名和密码，单击"Share"按钮就可以将游戏项目发布到作品库中。

2.8.2　将游戏项目以网页的形式导出

若想把游戏项目导出为网页，可单击导出窗口的"网页"面板，在其中选择一个文件夹来保存网页，并选择是否想锁定脚本，然后单击"Export"按钮即可。

需要注意的是，以网页形式导出的游戏将不会被自动发布到作品库的网站上。若想把游戏发布到网上，则需要使用导出窗口的"发布"面板将它发布到 Greenfoot 作品库中；若想把游戏发布到自己的网站上，则可将游戏以网页的形式导出，然后将相关的 HTML 和 JAR 文件上传到自己的 Web 服务器上。

2.8.3　将游戏项目以应用程序的形式导出

若想把游戏项目导出为应用程序，则可选择导出窗口的"应用"面板，在其中选择一个文件夹用来保存程序文件，并选择是否想锁定脚本，然后单击"Export"按钮即可。

不难发现，这个导出的应用程序是一个可执行的 JAR 文件。任何安装了正确 Java 版本的电脑都可以运行这个程序。在大多数电脑上可以用鼠标双击 JAR 文件直接运行，如果不能通过双击运行，则可以在命令行中使用下面的命令运行游戏：

```
java -jar Scenario.jar
```

需要说明的是，在执行该命令之前需要先进入 jar 文件所在的文件夹，并把"Scenario.jar"改成正确的文件名。

2.8.4　将游戏项目导出为单独的 Greenfoot 项目文件

还可以把游戏项目导出为单独的 Greenfoot 项目文件，这可以选择导出窗口的"Project"面板，在其中选择一个文件夹用来保存项目文件，然后单击"Export"按钮即可。导出后的项目文件后缀名为".gfar"，可以通过鼠标双击直接打开。

第二篇

益智类游戏设计

第3章
记忆翻牌游戏

本章一起来学习制作一款记忆翻牌游戏。游戏的规则比较简单，旨在锻炼和考验游戏者的记忆力。具体玩法是：首先在牌桌上摆放一系列扑克牌，游戏开始时牌的背面是朝上的，玩家不能看见其点数（但需要保证扑克牌的点数是成对的）。然后玩家任意翻开两张扑克牌，若其点数相同则将它们从牌桌上移除，若不同则将其翻转，重新使牌的背面朝上。当牌桌上所有的扑克牌都被移除则游戏结束。游戏运行界面如图3.1所示。

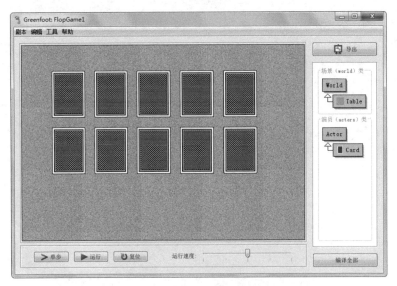

图3.1　记忆翻牌游戏界面

3.1　游戏整体设计

在游戏设计的时候，可以从两方面来考虑：一是游戏世界的场景是怎样的？二是游戏世界中需要创建哪些角色？考虑好这两方面问题后，便可按照面向对象的编程思想，分别为游戏设计表示场景和角色的类。对于记忆翻牌游戏，首先需要若干扑克牌来参与游戏，其次还需要一个放置扑克牌的牌桌。于是至少需要设计两个类：一个为扑克牌类（Card），一个为牌桌类（Table）。

接下来考虑游戏的规则设计。需要考虑如下几个关键问题：

（1）如何翻牌，即如何让玩家操作扑克牌使其牌面翻转？

（2）如何检查翻开的扑克牌是否匹配？

（3）当所有的扑克牌都配对之后如何结束游戏？

对于第（1）个问题，可以考虑用鼠标实现扑克翻牌。游戏开始时会自动生成若干扑克牌，初始时扑克牌的背面向上，当玩家用鼠标单击扑克牌时则将牌面翻转，显示其点数。因此该问题着重考虑如何处理鼠标单击事件，以及如何交替显示扑克牌的正反面。

对于第（2）个问题，可以对牌桌上的扑克牌逐一进行检查：首先判断其是否翻开，若翻开则继续检查是否有其他的扑克牌也被翻开，并且点数相同。若点数相同则将这两张牌从桌面移除，若不同则重新将它们翻面，使其背面朝上。

对于第（3）个问题，可以对牌桌进行检查，若桌上所有的扑克牌都被移除，则说明游戏结束。此时便可以停止游戏运行，并显示游戏结束的文字。

需要为游戏准备一些图片资源，包括一张牌桌背景图片、一张扑克牌背面的图片和若干红桃花色的扑克牌图片，如图 3.2 所示。

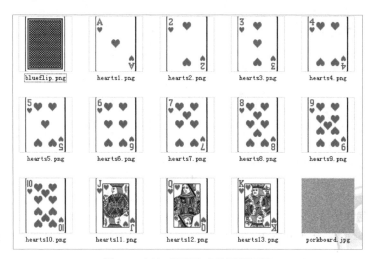

图 3.2　记忆翻牌游戏使用的图片

3.2　游戏程序实现

基于 3.1 节的考虑和设计，可以将游戏的实现分解为以下几个小任务，然后逐步实现。

（1）初始化游戏场景。创建 Card 类和 Table 类，加入扑克牌。

（2）实现翻牌动作。完善 Card 类，添加翻牌功能。

（3）配对检查。完善 Table 类，检查两次翻牌是否一致。

（4）实现游戏结束。完善 Table 类，判断所有扑克牌是否都已配对。

3.2.1 初始化游戏场景

　　创建一个新的游戏项目，将所有的图片文件复制到该项目所在文件夹下的" images "子目录中。然后创建牌桌类 Table 和扑克牌类 Card。在 Greenfoot 自带的 World 类上创建一个子类，命名为" Table "，同时将其图像设置为牌桌背景图片" porkboard.jpg "；在 Greenfoot 自带的 Actor 类上创建一个子类，命名为"Card"，将其图像设置为已准备好的扑克牌背面的图片" blueflip.png "。创建完成后如图 3.3 所示。

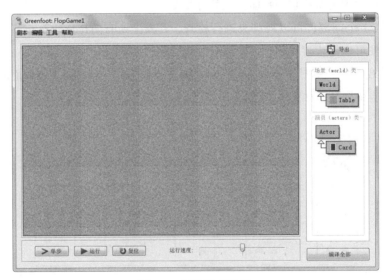

图 3.3　创建游戏场景

1. 设计扑克牌类

首先要为 Card 类定义相关的字段和方法。对于扑克牌，需要掌握几个信息：扑克牌点数、是否翻面、正反面的图像，因此可以为其设置如下字段：

```
private int value = -1;                        // 初始点数为 -1，表示还没有生成确定的扑克牌
private boolean isFaceUp = false;              // 若 isFaceUp 为 true 则牌正面朝上，否则背面朝上
private GreenfootImage faceUpImage = null;     // 表示牌的正面图像
private GreenfootImage faceDownImage = null;   // 表示牌的背面图像
```

下面为 Card 类编写构造方法。代码如下：

```
//Card 类的构造方法
public Card(int cardValue) {           //cardValue 是创建一张 Card 对象时传入的牌的点数
    value = cardValue;
    isFaceUp = false;                                // 所有被创建的牌都是背面朝上的
    String fileName = "hearts" + value + ".png"; // 根据牌点数匹配的正面图像文件名
    faceUpImage = new GreenfootImage(fileName.toLowerCase());   // 牌的正面图像
    faceDownImage = new GreenfootImage("blueflip.png");         // 牌的背面图像
    setImage(faceDownImage);                         // 让牌背面朝上放在牌桌上
}
```

该构造方法需要传入扑克牌点数作为参数，并将其赋值给 value 字段，然后根据点数生成对应的扑克牌正面图像。从图 3.2 中不难发现，扑克牌图片的命名是有规律的，名字的前缀都是"hearts"，后缀都是".png"，只是"hearts"后面的数字编号不同而已。而图片的编号和扑克牌的点数是对应的，因此可以根据扑克牌点数来获取其完整的图片文件名，并根据该文件名来生成对应的扑克牌正面的图像。代码如下：

```
String fileName = "hearts" + value + ".png";       // 根据牌点数匹配的正面图像文件名
faceUpImage = new GreenfootImage(fileName.toLowerCase());        // 生成牌的正面图像
```

其中，toLowerCase() 方法的作用是将文件名字统一转换为小写字母，以免图片文件命名时出现大小写不一致的情形。接下来设置扑克牌背面的图像，并将其设置为扑克牌的默认图像。代码如下：

```
faceDownImage = new GreenfootImage("blueflip.png");       // 生成牌的背面图像
setImage(faceDownImage);                                  // 让牌背面朝上放在牌桌上
```

编写好构造方法后，再为 Card 类编写几个其他的方法：getValue() 用来获取扑克牌点数；getFaceup() 用来判断扑克牌是否翻面；turnFaceDown() 用来将扑克牌翻成背面朝上。至此，Card 类的基本框架已经搭建好，完整代码如下：

```
/**
 * 扑克牌类，可以被翻开
 */
public class Card extends Actor {
    private int value = -1;        // 初始点数为 -1，表示还没有生成确定的扑克牌
    private boolean isFaceUp = false;   // 该值为 true，则牌正面朝上，否则背面朝上
    private GreenfootImage faceUpImage = null;       // 表示牌的正面图像
    private GreenfootImage faceDownImage = null;     // 表示牌的背面图像

    //Card 类的构造方法
    public Card(int cardValue) { //cardValue 是创建一张 Card 对象时传入的牌的点数
        value = cardValue;
        isFaceUp = false;          // 所有被创建的牌都是背面朝上的
        String fileName = "hearts" + value + ".png";    // 根据牌点数匹配正面图像文件名
        faceUpImage = new GreenfootImage(fileName.toLowerCase()); // 牌的正面图像
        faceDownImage = new GreenfootImage("blueflip.png");        // 牌的背面图像
```

```
        setImage(faceDownImage);                    // 让牌背面朝上放在牌桌上
    }

    // 获取这张牌的点数
    public int getValue() {
        return value;
    }

    // 获取这张牌是否已翻面
    public boolean getFaceup() {
        return isFaceUp;
    }

    // 将牌翻成背面朝上
    public void turnFaceDown() {
        isFaceUp = false;
        setImage(faceDownImage);

    }
}
```

2. 设计牌桌类

接下来为 Table 类编写相关的字段和方法。这里需要定义一个集合对象用来保存牌桌上所有的扑克牌，这可以使用 ArrayList 对象。ArrayList 也称为数组列表，是 Java 提供的一个集合类，用来保存和管理一系列对象的集合。ArrayList 类提供了一些对数组列表中的对象进行操作的方法，常用的有：add() 方法用来向列表中添加一个对象；get() 用来获取列表中的某个对象；remove() 方法用来从列表中删除某个对象。

首先定义一个扑克牌对象的集合，代码如下：

```
ArrayList<Card> cards = new ArrayList<Card>();  // 扑克牌对象列表
```

然后编写构造方法。由于游戏开始时牌桌上预先要摆放好一些扑克牌，所以在 Table 类的构造方法中需要编写添加扑克牌的代码，使得游戏初始时自动向牌桌放置扑克牌。首先通过循环语句来生成两组扑克牌对象，并加入到扑克牌的集合中。代码如下：

```
for (int i = 1; i < =5; i++) {                   // 向 cards 列表中添加两组共 10 张 5 点以下的牌
    cards.add(new Card(i));
    cards.add(new Card(i));
}
```

需要注意，循环变量 i 对应着扑克牌的点数，因此必须从 1 开始计数。而 add() 方法之所以重复调用，是为了保证生成的扑克牌中有两张点数相同的牌。接下来依次将各张扑克牌放置到牌桌上。代码如下：

```
int x = 100, y = 100;                    // 牌桌上摆放牌的起点坐标
for (int i = 0; i < 5; i++) {            // 用 for 循环依次在牌桌上摆放每排 5 张，共两排的扑克牌
    addObject(cards.get(i) , x, y);
    addObject(cards.get(i + 5) , x , y + cards.get(i).getImage().getHeight() + 20);
    x += cards.get(i).getImage().getWidth() + 20;
}
```

在上述代码中调用 Greenfoot API 中 World 类的 addObject() 方法添加扑克牌，并通过调整扑克牌坐标使其间隔均匀地摆放在牌桌上。其中，cards.get(i).getImage().getWidth() 和 cards.get(i).getImage().getHeight() 语句分别表示获取扑克牌图像的宽度和高度。为了使得排放到牌桌上的扑克牌的顺序具有随机性，需要打乱扑克牌在 cards 集合中的次序。可以通过以下语句实现：

```
Collections.shuffle(cards);    // 集合类 Collections 的混排算法，打乱 cards 中牌的顺序
```

Table 类的完整代码如下：

```
/**
 * 牌桌类，提供游戏的运行场景
 */
public class Table extends World {
    ArrayList<Card> cards = new ArrayList<Card>();          // 扑克牌对象列表

    //Table 类的构造方法
    public Table() {
        super(600, 400, 1);
        for (int i = 1; i <= 5; i++) {   // 向 cards 列表中添加两组共 10 张 5 点以下的牌
            cards.add(new Card(i));
            cards.add(new Card(i));
        }
        Collections.shuffle(cards);         // 打乱 cards 列表中牌的顺序
        int x = 100, y = 100;               // 牌桌上摆放牌的起点坐标
        for (int i = 0; i < 5; i++) {       // 依次在牌桌上摆放每排 5 张，共两排的扑克牌
            addObject(cards.get(i) , x, y);
            addObject(cards.get(i+5) , x , y + cards.get(i).getImage().getHeight() + 20);
            x += cards.get(i).getImage().getWidth() + 20;
        }
    }
}
```

编译项目"FlopGame1"然后运行，可以看到牌桌上自动加入了 10 张扑克牌，而且每张牌的背面都是朝上的，只有翻开后才能看到其点数，如图 3.1 所示。

3.2.2 实现翻牌动作

接下来，编写代码使得桌面上的牌可以翻开。当玩家用鼠标单击扑克牌时，该牌由背面

朝上翻转为正面朝上，同时显示其正面的图像。要实现此功能，需要对鼠标单击事件进行处理，这可以通过 Greenfoot 类提供的 mouseClicked() 方法来实现。可以在 Card 类的 act() 方法中加入如下代码：

```
if (Greenfoot.mouseClicked(this)) {     // 如果鼠标单击了这张牌
    if (!isFaceUp) {                     // 如果扑克牌背面朝上
        setImage(faceUpImage);           // 将扑克牌翻至正面朝上
        isFaceUp = true;
    }
}
```

以上代码首先判断是否有鼠标单击事件发生在扑克牌对象上，若有则进一步判断 isFaceUp 的值。若该值为 false，表示扑克牌是背面朝上的，则调用 Greenfoot API 中 Actor 类的 setImage() 方法将扑克牌的图像设置为正面朝上的图像，同时将 isFaceUp 的值置为 true。这样就可避免扑克牌翻开后重复触发翻面操作。

改进后的 Card 代码如下（粗体字部分表示新增加的代码）：

```
/**
 * 扑克牌类，可以被翻开
 */
public class Card extends Actor {
    private int value = -1;               // 初始点数为-1，表示还没有生成确定的扑克牌
    private boolean isFaceUp = false;     // 该值为true，则牌正面朝上，否则背面朝上
    private GreenfootImage faceUpImage = null;      // 表示牌的正面图像
    private GreenfootImage faceDownImage = null;    // 表示牌的背面图像

    //Card 类的构造方法
    public Card(int cardValue) {          //cardValue是创建一张 Card 对象时传入的牌的点数
        value = cardValue;
        isFaceUp = false;                 // 所有被创建的牌都是背面朝上的
        String fileName = "hearts" + value + ".png";   // 根据点数匹配的正面图像文件名
        faceUpImage = new GreenfootImage(fileName.toLowerCase());   // 牌的正面图像
        faceDownImage = new GreenfootImage("blueflip.png");         // 牌的背面图像
        setImage(faceDownImage);          // 让牌背面朝上放在牌桌上
    }

    //act() 方法是游戏单步执行的动作
    public void act() {
        if (Greenfoot.mouseClicked(this)) {     // 如果鼠标单击了这张牌
            if (!isFaceUp) {                     // 如果扑克牌背面朝上
                setImage(faceUpImage);           // 将扑克牌翻至正面朝上
                isFaceUp = true;
            }
        }
    }
}
```

```
    // 获取这张牌的点数
    public int getValue() {
        return value;
    }

    // 获取这张牌是否已翻面
    public boolean getFaceup() {
        return isFaceUp;
    }

    // 将牌翻成背面朝上
    public void turnFaceDown() {
        isFaceUp = false;
        setImage(faceDownImage);

    }
}
```

编译项目 "FlopGame2" 后运行，可以发现用鼠标单击某张扑克牌后，其图像由背面朝上变成了正面朝上，从而实现了翻牌动作，如图 3.4 所示。

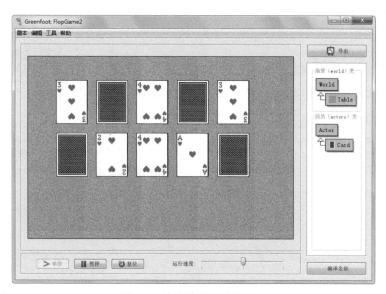

图 3.4　扑克牌翻开后的效果

3.2.3　配对检查

仔细观察图 3.4 可以发现，对于牌桌上已经翻开的扑克牌来说，存在点数相同的情况，然而它们仍然放置在牌桌上没有被移除。接下来需要做的便是进行扑克牌配对检查，即判断是否存在点数相同的牌，若存在则将其从牌桌上移除。配对检查的算法可以用以下伪代码进行描述：

```
for（遍历扑克牌集合中的每一张牌）{
    if（某张牌是翻开的）{
        if（此牌是第一张被翻开的牌）{
            记录下此牌的点数
        }
        if（此牌是第二张被翻开的牌）{
            记录下此牌的点数
            if（第一张牌与第二张牌点数相同）{
                移除两张相同的牌
            } else {
                把两张牌重新盖上
            }
            结束循环遍历
        }
    }
}
```

下面为上述算法编写代码。在 Table 类的 act() 方法中加入配对检查的代码。首先需要定义如下几个变量：

```
Card card1 = null, card2 = null;          // 用来保存两张牌的对象
int count = 0;                             // 表示牌桌上被翻开的是第几张牌
int card1Value = 0, card2Value = 0;       // 分别记录两张牌的点数
```

接下来编写循环遍历扑克牌集合的代码，首先将循环语句的整体框架编写好，代码如下：

```
for (int i = 0; i < cards.size(); i++) {          // 用 for 循环遍历 cards 列表中的所有牌
    if (cards.get(i).getFaceup() == true) {       // 如果遍历到的这张牌是翻开的
        count++;                                   // 用 count 将牌桌上翻开的牌数累加
        if (count == 1) {                          // 如果是第一张翻开的牌

        }
        if (count == 2) {                          // 如果是第二张翻开的牌

        }
    }
}
```

可以通过 count 的值来了解当前被翻开的扑克牌是第几张。当 count 值为 1 时表示被翻开的扑克牌是第一张，只需要保存其点数即可。代码如下：

```
if (count == 1) {
    card1 = cards.get(i);
    card1Value = card1.getValue();                // 记录第一张翻开牌的点数
}
```

保存第一张牌的点数后继续遍历扑克牌集合，若发现还有被翻开的扑克牌，则 count 值会增加为 2，并进一步进行处理。具体来说，需要比较牌桌上这两张被翻开的扑克牌点数是否相同，若相同则将它们从牌桌移除，若不同则要将它们重新翻转为背面朝上。代码如下：

```
if (count == 2) {                                 // 如果是第二张翻开的牌
    card2 = cards.get(i);
    card2Value = card2.getValue();                // 记录第二张翻开牌的点数
    if (card1Value == card2Value) {               // 如果翻的两张牌的点数是一样的
        Greenfoot.playSound("WaterDrop.wav");
        Greenfoot.delay(10);                      // 延迟 10 毫秒，游戏效果更好
        // 移除翻开的两张同样的牌
        removeObject(card1);
        removeObject(card2);
        cards.remove(card1);
        cards.remove(card2);
    }
    else {                                        // 如果翻的两张牌不同
        Greenfoot.delay(15);
        // 将两张牌面朝下背朝上
        card1.turnFaceDown();
        card2.turnFaceDown();
    }
    break;                                        // 剩下的牌不再遍历，结束 for 循环
}
```

通过比较 card1Value 和 card2Value 的值是否相等来判断两张牌是否相同。若相同则调用 Greenfoot API 中 World 类的 removeObject() 方法将它们从牌桌移除，同时还要调用集合对象 cards 的 remove() 方法将它们从扑克牌集合中删除。为了增强游戏的交互效果，可以调用 Greenfoot 类的 delay() 方法来制造一定时间的延迟，使得扑克牌的移除和翻转动作不会显得那么突兀。此外，当需要移除扑克牌时，还可以调用 Greenfoot 类的 playSound() 方法来添加一点声音效果。

编译并运行游戏项目"FlopGame3"，测试一下扑克牌的消除效果。

3.2.4 实现游戏结束

至此实现了游戏绝大部分功能，最后只需要进行一点完善，即添加游戏的结束规则。显而易见，当牌桌上所有的扑克牌都被移除，则游戏结束。需要做的便是检查牌桌上是否还留有扑克牌，若没有则停止游戏运行，并显示相应的文字提示即可。可以在移除扑克牌的操作后面加入如下代码：

```
if (cards.size() == 0) {                          // 配对的牌全部找到，游戏结束
    showText("Game Over! ", 300, 200);
```

```
        Greenfoot.stop();
    }
```

通过查询扑克牌集合对象 cards 的大小来判断桌面上是否还有扑克牌。当 cards 的 size()
方法返回值为 0 时说明所有的扑克牌都已被移除，于是便可以调用 Greenfoot 类的 stop() 方
法来停止游戏，同时调用 World 类的 showText() 方法来显示游戏结束的文字提示。在该游戏
中，当游戏结束时显示的文字是"Game Over!"。

编译并运行游戏项目"FlopGame4"，可以看到游戏结束画面如图 3.5 所示。

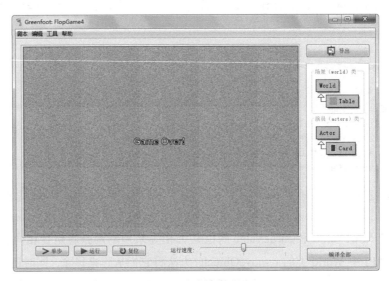

图 3.5　游戏结束画面

改进后的 Table 类的代码如下所示（粗体字部分表示新增加的代码）：

```
/**
 * 牌桌类，提供游戏的运行场景
 */
public class Table extends World {
    ArrayList<Card> cards = new ArrayList<Card>();        // 扑克牌对象列表

    //Table 类的构造方法
    public Table() {
        super(600, 400, 1);
        for (int i = 1; i <= 5; i++) {    // 向 cards 列表中添加两组共 10 张 5 点以下的牌
            cards.add(new Card(i));
            cards.add(new Card(i));
        }
        Collections.shuffle(cards);        // 打乱 cards 列表中牌的顺序
        int x = 100, y = 100;              // 牌桌上摆放牌的起点坐标
        for (int i = 0; i < 5; i++) {      // 依次在牌桌上摆放每排 5 张，共两排的扑克牌
```

```
            addObject(cards.get(i) , x, y);
            addObject(cards.get(i + 5) , x , y + cards.get(i).getImage().getHeight() + 20);
            x += cards.get(i).getImage().getWidth() + 20;
        }
    }

    //act() 方法是游戏单步执行的动作
    public void act() {
        Card card1 = null, card2 = null;          // 用来保存两张牌的对象
        int count = 0;                             // 表示牌桌上被翻开的是第几张牌
        int card1Value = 0, card2Value = 0;        // 分别记录两张牌的点数
        for (int i = 0; i < cards.size(); i++) { // 用 for 循环遍历 cards 列表中的所有牌
            if (cards.get(i).getFaceup() == true) {    // 如果遍历到的这张牌是翻开的
                count++;                               // 用 count 将牌桌上翻开的牌数累加
                if (count == 1) {                      // 如果是第一张翻开的牌
                    card1 = cards.get(i);
                    card1Value = card1.getValue();     // 记录第一张翻开牌的点数
                }
                if (count == 2) {                          // 如果是第二张翻开的牌
                    card2 = cards.get(i);
                    card2Value = card2.getValue();         // 记录第二张翻开牌的点数
                    if (card1Value == card2Value) {    // 若翻开的两张牌点数相同
                        Greenfoot.playSound("WaterDrop.wav");
                        Greenfoot.delay(10);               // 延迟 10 毫秒, 游戏效果更好
                        // 移除翻开的两张同样的牌
                        removeObject(card1);
                        removeObject(card2);
                        cards.remove(card1);
                        cards.remove(card2);
                        if (cards.size() == 0) {       // 配对的牌全部找到, 游戏结束
                            showText("Game Over! ", 300, 200);
                            Greenfoot.stop();
                        }
                    }
                    else {                             // 如果翻开的两张牌不同
                        Greenfoot.delay(15);
                        // 将两张牌面朝下背朝上
                        card1.turnFaceDown();
                        card2.turnFaceDown();
                    }
                    break;                             // 剩下的牌不再遍历, 结束 for 循环
                }
            }
        }
    }
}
```

3.3　游戏扩展练习

至此已完成扑克翻牌游戏的设计和编写，游戏可以正常运行起来。但是游戏目前也只是实现了基本的功能，还有很多可以完善和改进的部分。这里提供几个游戏扩展的思路，供读者思考和练习。如果在理解游戏编写的基本原理后再加以实践练习，学习效果将会大大增强。可以考虑在如下几个方面进行扩展。

（1）加入更多扑克牌。在本项目中只使用到红桃 1 至红桃 5 这几张牌，可以加入更多的扑克牌来增加游戏难度。除了红桃之外，还可以添加其他花色的扑克牌。甚至可以为玩家提供难度级别的选择，若选择的难度越大则桌面上的扑克牌数量越多。

（2）添加翻牌计数器。为了让游戏更具挑战性，可以统计玩家翻牌的次数，每当玩家翻开一张扑克牌时计数器的值便加 1。这样一来，游戏结束时翻牌计数器的值便可以用来衡量其游戏的表现，值越小则表现越好。与此同时，还可以保存玩家的最好成绩，这样便能激励玩家反复进行游戏，以期望不断超越之前的记录，从而提高游戏的可玩性。

（3）添加更多的文字信息。对于一款正规的游戏来说，文字提示信息是必不可少的。而本项目为了简化代码，只是在游戏结束的时候显示了一点文字信息。读者可以考虑在游戏中添加更多的文字。如游戏开始前可以用文字来说明游戏规则，或是在游戏结束后显示玩家的游戏时间及翻牌次数等。

（4）不使用扑克牌，改用其他图片来实现游戏规则。市面上有些游戏很相似，除了角色及场景图像不同，其核心玩法几乎一模一样。对扑克翻牌游戏进行“改头换面”，即将游戏中所使用的扑克牌图像换成其他图像，如水果图像、人物图像甚至是麻将的图像。你会发现，扑克翻牌游戏瞬间变成了“对对碰”游戏。

当然，以上只是几个可供选择的扩展思路，读者完全可以按照自己的意愿对游戏加以扩展和改进。

第4章

拼图游戏

拼图游戏是一款广泛流行、老少皆宜的益智游戏，从手机、电子词典到平板电脑、个人电脑，几乎各种电子设备上都可以发现拼图游戏的踪影。其规则也很简单，即将一张完整的图片分割为很多小图片块，并打乱其次序，通过玩家移动图片块的位置来复原完整的拼图。需要注意的是，游戏通常会预留一个空白块，玩家每次只能移动一个图片块，并且只能将图片块移动到空白块的位置。游戏界面如图 4.1 所示。

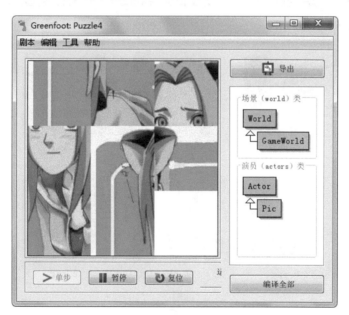

图 4.1　拼图游戏界面

4.1　游戏整体设计

首先需要为游戏设计场景和角色。对于拼图游戏，游戏角色就是一组被打乱次序的图片，而游戏场景则用来放置这些图片，于是可以为游戏设置两个类：图片类（Pic）和场景类

（GameWorld）。

其次考虑游戏规则的设计。主要考虑以下几个问题：

（1）如何表示拼图中的各个图片块？

（2）如何移动图片块进行拼图？

（3）如何判定拼图是否完成？

对于第（1）个问题，可以借助集合对象来实现。首先需要将完整的图片分割为小的图片块并保存在图片块集合中，然后借助集合对象的混淆方法来随机打乱图片块的顺序，最后再将所有图片块依次显示出来。

对于第（2）个问题，需要对鼠标单击事件进行处理。当单击某个图片块时，首先检查其四周是否存在空白块，若有则将其移动到相邻的空白块中。

对于第（3）个问题，则要对场景中所有的图片块逐一进行检查，判断其顺序是否按照图片块编号次序排列，若是则说明拼图完成，同时停止游戏运行。

接下来为游戏准备一些图片资源。为了简化游戏设计，这里直接使用了已经分割好的图片块文件，如图 4.2 所示。

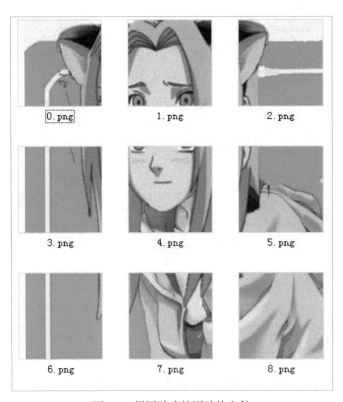

图 4.2　拼图游戏的图片块文件

4.2 游戏程序实现

基于 4.1 节的考虑和设计，将游戏的实现分解为以下几个小任务，然后逐步来实现。

（1）初始化游戏场景。创建 GameWorld 类和 Pic 类，显示完整拼图。

（2）打乱图片块。完善 GameWorld 类，随机打乱图片块的顺序。

（3）移动图片块。完善 Pic 类，实现图片块的移动。

（4）游戏结束判定。完善 GameWorld 类，检查是否完成拼图。

4.2.1 初始化游戏场景

创建一个新的游戏项目，将所有的图片块文件复制到该项目所在文件夹下的"images"
子目录中。然后创建游戏场景类 GameWorld 和图片类 Pic。在 Greenfoot 自带的 World 类上
创建一个子类，命名为"GameWorld"，在 Actor 类上创建一个子类，命名为"Pic"。

1. 设计图片类

需要为 Pic 类定义字段和方法。对于图片块来说，唯一需要获取的信息便是其编号，因
此可以为其定义一个字段以表示图片块编号的索引值，同时定义一个获取索引值的方法。代
码如下：

```
private int value;                         // 图片块的索引值

// 获取图片块索引值
public int getValue() {
    return value;
}
```

接下来编写 Pic 类构造方法，用来初始化索引值并设置图像。代码如下：

```
// 构造方法，设置图片块索引值和相关图像
public Pic(int value) {
    this.value = value;
    setImage(value + ".png");
}
```

构造方法将传入的参数保存为索引值，并选择对应的图片块文件来设置图像。从图 4.2
中可以看到，为图片块文件命名时使用数字作为文件名，而数字按照从左到右、自上而下的
顺序进行编号。因此，图片块文件名中的数字编号便可以看作该图片块的索引值。在构造方
法中传入某个索引值，便可根据该值获取对应的图片块文件，并将其设置为 Pic 对象的图像。
Pic 类的完整代码如下所示：

```
/**
 * 图片类，用来表示组成完整拼图的每个图片块
 */
public class Pic extends Actor{
    private int value;                                 // 图片块的索引值

    // 构造方法，设置图片块索引值和相关图像
    public Pic(int value) {
        this.value = value;
        setImage(value + ".png");
    }

    // 获取图片块索引值
    public int getValue() {
        return value;
    }
}
```

2. 设计游戏场景类

首先定义字段。对于游戏场景类 GameWorld 来说，需要定义一个集合对象来保存所用的图片块。此外，还需要单独定义一个图片块对象，用来显示最后一个图片块。因为在游戏中必须预留一个空白块用于移动图片块，所以不能把所有的图片块都加入游戏场景。当其余图片块都拼好后，游戏便会自动加入最后一个图片块。

字段的定义如下所示：

```
private ArrayList<Pic> pics = new ArrayList<Pic>();    // 图片块对象列表
private Pic lastPic;                                   // 最后一个图片块
```

接下来编写 GameWorld 类的构造方法。由于游戏只有 9 张图片，于是可以将游戏场景设置为 3×3 的网格，每个网格单元放置一个图片块。这需要在构造方法第一句调用 World 类的构造方法，代码如下：

```
super(3, 3, 96);                  // 建立 3×3 的网格，每个网格的尺寸为 96 像素×96 像素
```

接着通过循环语句向游戏场景中添加图片块，程序会自动生成前 8 个图片块，并将其加入图片块集合 pics 中，同时将它们按照从左到右、自上而下的顺序加入到游戏场景中。代码如下：

```
for (int i=0; i<8; i++) {         // 建立 8 个图片块对象，并添加到游戏场景中
    Pic pic = new Pic(i);
    pics.add(pic);
    addObject(pic, i % 3, i / 3);
}
```

需要注意的是，addObject 方法的后两个参数分别为"i％3"和"i／3"，分别表示图片块的水平坐标和垂直坐标。由于游戏场景是 3×3 的网格，所以水平坐标和垂直坐标值的范围都是 [0, 2]。"i％3"相当于用索引值对场景宽度取模，于是得到图片块的水平坐标；"i／3"相当于用索引值对场景高度取整，于是得到图片块的垂直坐标。各个图片块的坐标如图 4.3 所示。

(0, 0)	(1, 0)	(2, 0)
(0, 1)	(1, 1)	(2, 1)
(0, 2)	(1, 2)	(2, 2)

图 4.3　图片块坐标

接下来为游戏添加最后一个图片块。代码如下：

```
lastPic = new Pic(8);              // 创建最后一个图片块对象，并加入游戏场景
addObject(lastPic, 2, 2);
```

不难发现，最后一个图片块的索引值为 8，其坐标则为（2, 2）。GameWorld 类的完整代码如下所示：

```
/**
 * 游戏场景类，提供游戏进行的场景
 */
public class GameWorld extends World {
    private ArrayList<Pic> pics = new ArrayList<Pic>();        // 图片块对象列表
    private Pic lastPic;                                        // 最后一个图片块

    // 构造方法，初始化游戏场景
    public GameWorld() {
        super(3, 3, 96);          // 建立 3×3 的网格，每个网格的尺寸为 96 像素 ×96 像素
        for (int i = 0; i < 8; i++) {    // 建立 8 个图片块对象，并添加到游戏场景中
            Pic pic = new Pic(i);
            pics.add(pic);
            addObject(pic, i % 3, i / 3);
        }
        lastPic = new Pic(8);               // 创建最后一个图片块对象，并加入游戏场景
        addObject(lastPic, 2, 2);
    }
}
```

编译游戏项目"Puzzle1"并运行，可以看到游戏初始时将会显示一幅完整的拼图，如图 4.4 所示。

图 4.4　拼图游戏初始画面

4.2.2　打乱图片块

当游戏开始运行时，需要将完整的拼图打散，使得各个图片块随机地分布在游戏窗口中。其实现步骤是：

（1）将游戏初始界面所显示的完整拼图中包含的图片块逐一移除。

（2）随机打乱图片块集合中的图片顺序。

（3）将打乱顺序后的图片块重新显示在游戏窗口中。

对于第（1）步，可以使用循环语句来实现。代码如下：

```java
for (int i = 0; i < 8; i++) {                    // 将图片块从游戏场景移除
    removeObject(pics.get(i));
    Greenfoot.delay(30);
}
removeObject(lastPic);
Greenfoot.delay(30);
```

上述代码首先通过循环地调用 World 类的 removeObject() 方法将前 8 个图片块移除，然后再将最后一个图片块移除。在移除每一个图片块后都调用 Greenfoot 类的 delay() 方法，作用是给予移除操作一定的时间延迟，从而展示出图片块逐一移除的动态效果。

对于第（2）步，可以直接调用集合类的混淆方法来实现。代码如下：

```java
Collections.shuffle(pics);                       // 随机打乱图片块列表中图片块的位置
```

上述代码中的 shuffle() 方法使用图片集合 pics 作为参数,作用是随机地将 pics 集合中各个图片块的次序重新进行排列,从而达到随机打乱图片顺序的目的。

对于第(3)步,仍然使用循环语句来实现。代码如下:

```
for (int i = 0; i < 8; i++) {              // 将打乱后的图片块重新加入游戏场景
    addObject(pics.get(i), i % 3, i / 3);
}
```

需要注意的是,此时不再将最后一个图片块加入到游戏场景,因为需要给接下来的游戏预留一个空白块进行操作。可以定义一个 resetPics() 方法,并将以上代码写入其中。为了让游戏开始时能自动调用 resetPics() 方法,需要为 GameWorld 类添加一个布尔型字段 run 用来标识游戏状态,然后通过 act() 方法不断地对 run 的值进行检查,只有当其值为 false 时才会调用 resetPics() 方法来打散拼图。改进后的 GameWorld 类的程序如下所示(粗体字部分表示新添加的代码):

```
/**
 * 游戏场景类,提供游戏进行的场景
 */
public class GameWorld extends World {
    private ArrayList<Pic> pics = new ArrayList<Pic>();        // 图片块对象列表
    private Pic lastPic;                                       // 最后一个图片块
    private boolean run;                                       // 游戏状态标识

    // 构造方法,初始化游戏场景
    public GameWorld() {
        super(3, 3, 96);            // 建立 3×3 的网格,每个网格的尺寸为 96 像素 ×96 像素
        for (int i = 0; i < 8; i++) {   // 建立 8 个图片块对象,并添加至游戏场景中
            Pic pic = new Pic(i);
            pics.add(pic);
            addObject(pic, i % 3, i / 3);
        }
        lastPic = new Pic(8);            // 创建最后一个图片块对象,并加入游戏场景
        addObject(lastPic, 2, 2);
        run = false;
    }

    // 重置图片,打乱图片块的显示顺序
    public void resetPics() {
        for (int i = 0; i < 8; i++) {        // 将图片块从游戏场景移除
            removeObject(pics.get(i));
            Greenfoot.delay(30);
        }
        removeObject(lastPic);
        Greenfoot.delay(30);
        Collections.shuffle(pics);            // 随机打乱图片块列表中图片块的位置
        for (int i = 0; i < 8; i++) {         // 将打乱后图片块重新加入游戏场景
```

```
            addObject(pics.get(i), i % 3, i / 3);
        }
        run = true;                          // 将游戏状态标识为运行
    }

    // 更新游戏的运行逻辑
    public void act() {
        if (!run) {                          // 若游戏尚未运行，则重置图片块
            resetPics();
        }
    }
}
```

编译并运行游戏项目"Puzzle2"，可以看到打乱图片块的效果，如图 4.1 所示。

4.2.3　移动图片块

接下来编写代码来实现图片块的移动，这需要对 Pic 类做一些改进。在这个游戏中，使用鼠标来操作图片块。具体来说，当玩家单击某个图片块时，若其四周有空白块，则移动到该空白块的位置，而其自身刚才所占据的位置则重新变为空白块。要实现上述操作，首先要对图片块相邻的位置进行检查，判断该位置上是否存在图片块。为此，在 Pic 类中定义 checkPic() 方法来检查空白块，代码如下：

```
// 检查某个网格是否有图片块
private boolean checkPic(int x, int y) {
    List<Pic> pics = getWorld().getObjectsAt(x, y, Pic.class);
    if (pics.size() > 0) {
        return false;
    } else {
        return true;
    }
}
```

checkPic() 方法传入一对 x 和 y 坐标值作为参数，并调用 World 类的 getObjectsAt() 方法来检查该坐标处的网格是否存在图片块。而 getObjectsAt() 方法返回一个图片块对象集合 pics，若 pics 的 size() 方法返回值大于 0，则表示该坐标处存在图片块，若返回值为 0，则表示该坐标处为空白块。

接下来在 Pic 类的 act() 方法中处理鼠标单击事件。当某个图片块被鼠标单击后，便立即对其四周相邻的位置进行检查，判断是否存在空白块。由于图片块不能斜向移动，因此只需要对上、下、左、右四个方向分别进行检查。以向上的方向进行检查为例，若要实现某个图片块的上移，则需要同时满足两个条件：一是该图片块不能位于最上面一排，即 y 坐标要大于 0（参见图 4.3 的坐标分布）；二是该图片块的上一块为空白块。可以用如下代码来实现：

```
// 检查上方是否可移动
if (getY() > 0 && checkPic(getX(), getY() - 1)) {
    setLocation(getX(), getY() - 1);
    return;
}
```

上述代码中调用了 Actor 类的 getY() 方法用于获取图片块的 y 坐标，同时调用 Actor 类的 setLocation() 方法来移动图片块，将其位置向上移动一格。其他方向的检查和移动操作与之类似。改进后的 Pic 类的程序如下所示（粗体字部分表示新添加的代码）：

```
/**
 * 图片类，用来表示组成完整拼图的每个图片块
 */
public class Pic extends Actor {

    private int value; // 图片块的索引值

    // 构造方法，设置图片块索引值和相关图像
    public Pic(int value) {
        this.value = value;
        setImage(value + ".png");
    }

    // 获取图片块索引值
    public int getValue() {
        return value;
    }

    // 更新图片块对象的运行逻辑
    public void act() {
        // 若鼠标单击图片块，则检查其四围是否可以移动
        if (Greenfoot.mouseClicked(this)) {
            // 检查上方是否可移动
            if (getY() > 0 && checkPic(getX(), getY() - 1)) {
                setLocation(getX(), getY()- 1);
                return;
            }
            // 检查下方是否可移动
            if (getY() < 2 && checkPic(getX(), getY() + 1)) {
                setLocation(getX(), getY() + 1);
                return;
            }
            // 检查左方是否可移动
            if (getX() > 0 && checkPic(getX() - 1, getY())) {
                setLocation(getX() - 1, getY());
                return;
            }
            // 检查右方是否可移动
            if (getX() < 2 && checkPic(getX() + 1, getY())) {
```

```
                    setLocation(getX() + 1, getY());
                    return;
                }
            }
        }

        // 检查某个网格是否有图片块
        private boolean checkPic(int x, int y) {
            List<Pic> pics = getWorld().getObjectsAt(x, y, Pic.class);
            if (pics.size() > 0) {
                return false;
            } else {
                return true;
            }
        }
    }
```

编译并运行项目 "Puzzle3"，测试一下移动图片块的效果。

4.2.4 游戏结束判定

最后加入游戏结束的判定。当所有图片块按照正确的顺序拼好之后游戏停止运行。如何判定所有的图片块的顺序是正确的呢？当游戏初始创建图片块的时候，按照图片块文件的编号顺序为各个图片块对象赋予了索引值（即数字 0 至 8）。由于游戏场景是 3×3 的网格，于是每个图片块的索引值便按照图 4.5 所示的顺序与每个网格对应起来。按照索引顺序从左到右、自上而下地将图片块添加到游戏场景的各个网格中，便形成了完整的拼图。然而，当游戏开始后打散了拼图，于是各个图片块的索引值便不再和正确的索引顺序相匹配，只有当拼图最终完成后才重新匹配。

0	1	2
3	4	5
6	7	8

图 4.5　图片块的索引顺序

因此，游戏结束的判定实质上便是检查各个图片块的索引值是否和正确的索引顺序相匹配。而实现这一点，要按照从左到右、自上而下的顺序来检查各个网格中的图片块索引值，判断其值是否和正确的索引顺序匹配。由于游戏进行时场景中只有 8 个图片块，所以实际上只需要检查前 8 个图片块的索引值即可。在 GameWorld 类的 act() 方法中加入如下代码：

```
for (int i = 0; i < 8; i++) {               // 判断拼图是否完成
    List<Pic> pictures = getObjectsAt(i % 3, i / 3, Pic.class);
    if (pictures.size() == 0 || pictures.get(0).getValue() != i ) {
        return;
    }
}
```

上述代码循环地调用 World 类的 getObjectsAt() 方法，依照正确的索引顺序从左到右、自上而下地获取各个网格中的图片块对象，并接着进行判定：若某个图片块为空白块，或者该图片块的索引值与正确的索引顺序不一致，则返回；若条件满足，说明前 8 个图片块的顺序是正确的，则执行以下代码：

```
addObject(lastPic, 2, 2);                    // 加入最后一个图片块
Greenfoot.playSound("win.wav");              // 播放完成的音效
Greenfoot.stop();                            // 停止游戏
```

以上代码首先调用 World 类的 addObject() 方法将最后一个图片块补上以组成完整的拼图，接着调用 Greenfoot 类的 playSound() 方法播放游戏完成的音效，最后调用 Greenfoot 类的 stop() 方法停止游戏运行。

至此，拼图游戏的主要功能全部实现。GameWorld 类的完整程序如下所示（粗体字部分表示新添加的代码）：

```
/**
 * 游戏场景类，提供游戏进行的场景
 */
public class GameWorld extends World {
    private ArrayList<Pic> pics = new ArrayList<Pic>();      // 图片块对象列表
    private Pic lastPic;                                      // 最后一个图片块
    private boolean run;                                      // 游戏状态标识

    // 构造方法，初始化游戏场景
    public GameWorld() {
        super(3, 3, 96);            // 建立 3×3 的网格，每个网格的尺寸为 96 像素 ×96 像素
        for (int i = 0; i < 8; i++) {    // 建立 8 个图片块对象，并添加至游戏场景中
            Pic pic = new Pic(i);
            pics.add(pic);
            addObject(pic, i % 3, i / 3);
        }
        lastPic = new Pic(8);            // 创建最后一个图片块对象，并加入游戏场景
        addObject(lastPic, 2, 2);
        run = false;
    }

    // 重置图片，打乱图片块的显示顺序
    public void resetPics() {
        for (int i = 0; i < 8; i++) {        // 将图片块从游戏场景移除
            removeObject(pics.get(i));
            Greenfoot.delay(30);
        }
        removeObject(lastPic);
        Greenfoot.delay(30);
        Collections.shuffle(pics);           // 随机打乱图片块列表中图片块的位置
        for (int i = 0; i < 8; i++) {        // 将打乱后图片块重新加入游戏场景
```

```
            addObject(pics.get(i), i % 3, i / 3);
        }
        run = true;                              // 将游戏状态标识为运行
    }

    //更新游戏的运行逻辑
    public void act() {
        if (!run) {                              // 若游戏尚未运行，则重置图片
            resetPics();
        }
        for (int i = 0; i < 8; i++) {            // 判断拼图是否完成
            List<Pic> pictures = getObjectsAt(i % 3, i / 3, Pic.class);
            if (pictures.size() == 0 || pictures.get(0).getValue()! = i) {
                return;
            }
        }
        addObject(lastPic, 2, 2);                // 加入最后一个图片块
        Greenfoot.playSound("win.wav");          // 播放完成的音效
        Greenfoot.stop();                        // 停止游戏
    }
}
```

编译并运行游戏项目"Puzzle4"，试着完成拼图。可以看到游戏结束后回到初始时的画面，如图 4.4 所示。

4.3 游戏扩展练习

作为实践练习，可以对游戏做进一步的改进工作。不妨考虑以下几个思路：

（1）扩大拼图的尺寸。本游戏的场景是 3×3 的网格，整个拼图只使用了 9 个图片块。可以使用更大面积的拼图来增加游戏的难度和挑战性，如使用 4×4 或 5×5 的图片网格。这需要准备更多图片块文件，然后生成相应数量的图片对象来载入这些图像，并将其逐一添加到游戏场景的网格中。

（2）加入计步器，统计图片块的移动次数。每移动一个图片块，计步器的数值加 1，其数值大小对应着玩家的成绩。计步器的数值可以即时显示在游戏窗口中，也可以等到游戏结束时再显示出来。还可以设法保存玩家最好成绩，以便激励玩家不断地挑战自己的纪录，从而提高游戏的可玩性。

（3）设置时间限制。为了进一步增强游戏的挑战性和刺激度，可以为游戏的过程设置时间限制，如规定 10 分钟内要完成拼图，否则游戏失败。这需要对游戏的运行时间进行统计，并与规定的时长进行比较，一旦游戏运行时间超过规定时长则停止游戏。可以调用 Java API 中获取系统时间的方法实现此功能。具体来说，首先保存游戏开始时的系统时间，然后在游

戏过程中不断地获取当前系统时间，并用当前时间与开始时间相减，其差值便是游戏运行的时间。最后用游戏运行时间与规定时长进行比较即可。

（4）添加文字信息。本游戏没有设置文字信息，因此可以考虑为游戏添加一些文字作为游戏提示。如游戏开始之前显示游戏规则，或是拼图完成之后提示游戏结束，等等。向游戏中添加文字既可以直接调用 World 类的 showText() 方法，也可以单独定义 Actor 子类专门用于显示文字，在后面介绍的游戏中会介绍这样的例子。

第5章
扫雷游戏

扫雷是一款经典的益智游戏，1992 年出品的 Windows 3.1 中就添加了这款游戏。这款游戏的玩法是在一个方块矩阵中随机埋设一定数量的地雷，然后由玩家逐个打开方块，以找出所有地雷为最终游戏目标。如果玩家打开的方块中有地雷，则游戏结束。扫雷游戏的运行界面如图 5.1 所示。

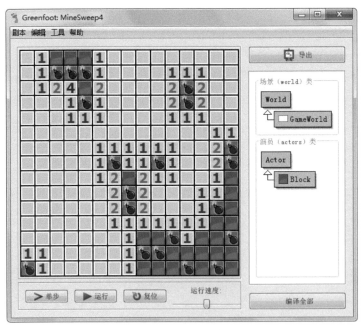

图 5.1　扫雷游戏运行界面

5.1　游戏整体设计

首先需要为游戏设计场景和角色。对于扫雷游戏，游戏角色就是一组小方块（部分方块下埋藏有地雷），而游戏场景则用来放置这些方块所组成的阵列。于是可以为游戏设置两个类：方块类（Block）和场景类（GameWorld）。

接下来考虑游戏规则的设计。主要考虑以下几个问题：

（1）如何为方块下埋设地雷？

（2）如何执行打开方块操作？

（3）如何判定游戏是否结束？

对于第（1）个问题，需要在全部的方块中选取一小部分来埋设地雷，而且每次游戏中地雷的位置要随机出现。这仍然可以借助集合对象来实现：首先将所有方块加入到方块集合中，然后随机打乱它们的次序，最后为其埋设地雷。

对于第（2）个问题，需要对鼠标单击事件进行处理：单击某个方块时进行判定，若方块下没有地雷，则将其打开并显示周围的地雷数。若打开的方块周围没有地雷，则需要将周围的方块逐一打开。

对于第（3）个问题，需要对游戏失败和胜利的不同情况分别处理。若单击的某个方块下有地雷，则游戏失败；若所有埋藏有地雷的方块都被旗子所标记，则游戏胜利。

接下来为游戏准备一些图片资源，如图 5.2 所示。其中包括：表示方块没有打开时的图片"Block.png"，表示方块插上旗子的图片"BlockFlagged.png"，表示打开地雷的图片"Bomb.png"，以及用来显示方块周围地雷数量的图片"BlockClicked[0].png"至"BlockClicked[8].png"。

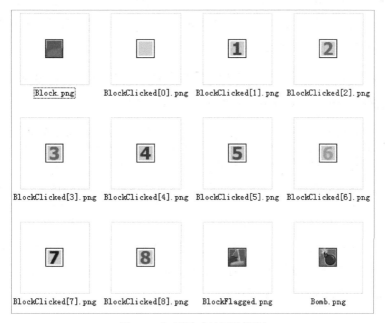

图 5.2　扫雷游戏的图片资源

5.2 游戏程序实现

基于 5.1 节的考虑和设计，这里将游戏的实现分解为以下几个小任务，然后逐步来实现。

（1）初始化游戏场景。创建 GameWorld 类和 Block 类，将方块阵列加入游戏场景。

（2）设置地雷。用方块集合来管理所有方块对象，并随机地为方块埋设地雷。

（3）处理鼠标操作。按下鼠标左键打开方块，按下鼠标右键插上旗子。

（4）游戏结束判定和处理。分别对游戏失败和游戏胜利的情况进行判定和处理。

5.2.1 初始化游戏场景

创建一个新的游戏项目，将所有的图片文件复制到该项目所在文件夹下的"images"子目录中。然后创建游戏场景类 GameWorld 和方块类 Block。在 Greenfoot 自带的 World 类上创建一个子类，命名为"GameWorld"；在 Actor 类上创建一个子类，命名为"Block"，并选择图 5.2 中的"Block.png"文件作为其角色图像。

首先对 GameWorld 类进行设计。对于游戏场景类 GameWorld 来说，需要定义一个集合对象 blocks 来保存所有的方块，代码如下：

```
private ArrayList<Block> blocks = new ArrayList<Block>();        // 方块列表
```

接下来编写 GameWorld 类的构造方法。由于游戏场景中所有方块一共分为 15 行，每行 15 块，因此需要将游戏场景设置为 15×15 的网格，每个网格单元放置一个方块。需要在构造方法第一句调用 World 类的构造方法，代码如下：

```
super (15, 15, 25);         // 建立 15×15 的方块阵列，每个方块尺寸为 25 像素 ×25 像素
```

接着通过循环语句来向游戏场景中添加方块，代码如下：

```
for (int i = 0; i < getWidth(); i++) {          // 对于游戏场景的每一列
    for (int j = 0; j < getHeight(); j++) {     // 对于游戏场景的每一行
        Block block = new Block();              // 创建方块对象
        blocks.add(block);                      // 加入方块列表
        addObject(block, i, j);                 // 添加至游戏场景
    }
}
```

在循环语句的每一次执行中，首先生成一个新的方块对象，然后调用集合对象的 add() 方法将其加入方块集合 blocks 中，同时调用 World 类的 addObject() 方法将其添加到游戏场景中。GameWorld 类的完整代码如下所示：

```
/**
 * 游戏场景类,用来提供游戏进行的场景
 */
public class GameWorld extends World {
    private ArrayList<Block> blocks = new ArrayList<Block>(); //方块列表

    //构造方法,用来为游戏场景添加初始对象
    public GameWorld() {
        super(15, 15, 25);      //建立15×15的方块阵列,每个方块尺寸为25像素×25像素
        for (int i = 0; i < getWidth(); i++) {         //对于游戏场景的每一列
            for (int j = 0; j < getHeight(); j++) {    //对于游戏场景的每一行
                Block block = new Block();             //创建方块对象
                blocks.add(block);                     //加入方块列表
                addObject(block, i, j);                //添加至游戏场景
            }
        }
    }
}
```

编译游戏"MineSweep1"并运行,可以看到游戏初始时将会显示所有方块阵列,如图5.3 所示。

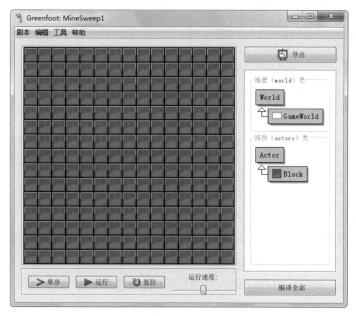

图 5.3　扫雷游戏初始画面

5.2.2　设置地雷

接下来随机地选取一些方块为其埋设地雷。地雷的数量一般设为总方块数的十分之一左

右比较合适，在这里选择了 20 个方块来埋设地雷。为了表示某个方块是否埋设地雷，可以在 Block 类中定义一个布尔型的字段 isBomb 用来标示，代码如下：

```
private boolean isBomb = false;          // 标记方块下是否有地雷
```

当 isBomb 值为 false 表示该方块下没有地雷，值为 true 则表示有地雷。同时定义两个方法 setBomb() 和 getBomb() 分别用来设置和获取 isBomb 的值。加入以上两个方法后的 Block 类代码如下所示：

```
/**
 * 方块类，其中 20 个方块下藏有地雷
 */
public class Block extends Actor {
    private boolean isBomb = false;          // 标记方块下是否有地雷

    // 设置地雷
    public void setBomb() {
        isBomb = true;
    }

    // 获取地雷标记
    public boolean getBomb() {
        return isBomb;
    }
}
```

编写好方块类的代码后，还需要在 GameWorld 类的构造方法中添加一些代码来随机地为方块埋设地雷。代码如下：

```
Collections.shuffle(blocks);              // 打乱方块列表中各个方块的顺序
for (int i = 0; i < 20; i++) {            // 对于方块列表中的前 20 个方块
    blocks.get(i).setBomb();              // 在其下设置地雷
}
```

上述代码首先调用集合类的 shuffle() 方法来打乱方块集合 blocks 中各个方块的顺序，然后依次对集合中的前 20 个方块调用 setBomb() 方法来设置地雷。由于每次游戏开始时都会调用 shuffle() 方法，使得每次的 blocks 集合中方块的顺序都不一样，因此每次游戏中的地雷方块也是随机分布的。改进后的 GameWorld 类代码如下（粗体字部分表示新添加的代码）：

```
/**
 * 游戏场景类，用来提供游戏进行的场景
 */
public class GameWorld extends World {
    private ArrayList<Block> blocks = new ArrayList<Block>(); // 方块列表

    // 构造方法，用来为游戏场景添加初始对象
```

```
public GameWorld() {
    super(15, 15, 25);              // 建立15×15 的方块阵列，每个方块尺寸为25 像素 ×25 像素
    for (int i = 0; i < getWidth(); i++) {        // 对于游戏场景的每一列
        for (int j = 0; j < getHeight(); j++) {   // 对于游戏场景的每一行
            Block block = new Block();            // 创建方块对象
            blocks.add(block);                    // 加入方块列表
            addObject(block, i, j);               // 添加至游戏场景
        }
    }
    Collections.shuffle(blocks);                  // 打乱方块列表中各个方块的顺序
    for (int i = 0; i < 20; i++) {                // 对于方块列表中的前 20 个方块
        blocks.get(i).setBomb();                  // 在其下设置地雷
    }
}
```

5.2.3　处理鼠标操作

接下来对玩家的鼠标操作进行处理。在这个游戏中，玩家需要对方块进行两种不同的操作：一是打开方块，并显示周围的地雷数；二是插上旗子，标示其中埋藏了地雷。前者可以用鼠标左键的单击来操作，后者则用鼠标右键的单击来操作。这需要分别对鼠标左、右键的单击事件进行处理。

1. 为方块插上旗子

首先处理鼠标右键的单击事件。设定为当玩家单击鼠标右键时为方块插上旗子，为此需要对鼠标右键的单击事件进行处理。事件处理流程可以用如下伪代码来描述：

```
if (鼠标右键单击方块，同时方块没有被打开) {
    if (方块上没有插旗子) {
        将方块图片换为旗子图片
        将旗子标记置为 true
    } else {
        重新设置为方块图片
        将旗子标记置为 false
    }
}
```

接下来根据以上处理流程编写代码。为此，需要在 Block 类添加相应的字段和方法。代码如下：

```
private boolean isOpen = false;        // 标记方块是否被打开
private boolean isFlagged = false;     // 标记方块上是否插了旗子
public boolean getFlag() {             // 获取旗子的标记
    return isFlagged;
}
```

以上代码定义了两个布尔型字段 isOpen 和 isFlagged，前者用来标示方块是否打开，后者用来标记方块是否插了旗子，同时定义了 getFlag() 方法用来获取 isFlagged 的值。接着需要判断玩家是否单击鼠标右键，并且进行处理。代码如下：

```
if (Greenfoot.mouseClicked(this)) {
    MouseInfo mouse = Greenfoot.getMouseInfo();      // 创建鼠标对象，获取鼠标事件
    //若鼠标右键单击方块，同时方块没有被打开，则进行处理
    if (mouse.getButton() == 3 && !isOpen) {
        if (!isFlagged) {                             // 若方块上没有插旗子，则
            setImage("BlockFlagged.png");             // 将方块图片换为旗子图片
            isFlagged = true;                         // 将旗子标记置为 true
        } else {                                      // 若方块已经插了旗子，则
            setImage("Block.png");                    // 重新设置为方块图片
            isFlagged = false;                        // 将旗子标记置为 false
        }
    }
}
```

上述代码定义了 Greenfoot API 提供的 MouseInfo 对象 mouse，通过调用其 getButton() 方法获取按键信息：若 getButton() 方法返回的值为 3，表示单击的是鼠标右键；若返回值为 1，表示单击的是鼠标左键。如果某个方块满足插旗的条件，则调用 Actor 类的 setImage() 方法将该方块的图像设置为插上旗子后的图片（即图 5.2 中文件名为"BlockFlagged.png"的图片），否则设置为没有插旗的图片（即图 5.2 中文件名为"Block.png"的图片）。

鼠标左键的单击事件处理流程与右键类似，只不过当单击鼠标左键时，游戏将执行打开方块的操作。以下伪代码描述了鼠标左键单击事件的处理流程：

```
if (鼠标左键单击方块，同时方块上没插旗子){
    if(若该方块下有地雷) {
        游戏结束
    } else {
        打开该方块
    }
}
```

如果某个方块满足打开的条件，则进一步判断其中是否有地雷，若有地雷则游戏结束，若无则执行打开方块的操作。关于游戏结束的设定将在 5.2.4 节进行介绍，接下来首先介绍如何编写打开方块的程序。

2. 实现打开方块的操作

需要注意的是，在打开某个方块时除了将该方块标记为打开状态之外，还要显示其周围的方块中所埋藏的地雷总数。因此首先需要定义一个方法 getBombNumber() 来获取某个方块周围的地雷数。其执行流程可用如下伪代码表示：

```
private int getBombNumber(Block block) {
    定义变量用来记录地雷数
    获取与方块相邻的所有方块对象
    for (相邻的每一个方块对象) {
        if (该方块下有地雷) {
            地雷数量加 1
        }
    }
    返回地雷数
}
```

上述流程中的关键问题在于如何获取与某方块相邻的所有方块对象，而这可以通过调用 Actor 类的 getNeighbours() 方法实现。于是可以为 getBombNumber() 方法编写如下代码：

```
// 获取方块周围埋藏的地雷数量
private int getBombNumber(Block block) {
    int bombNumber = 0;                              // 该变量用来记录地雷数
    List<Block> blocks = block.getNeighbours(1, true, Block.class);  // 获取相邻的方块
    for (Block nBlock: blocks) {                     // 检测相邻各方块下是否有地雷
        if (nBlock.getBomb()) {                      // 若某方块下有地雷，则
            bombNumber++;                            // 地雷数量加 1
        }
    }
    return bombNumber;                               // 返回地雷数
}
```

可以看到，getNeighbours() 方法一共有三个参数：第一个参数表示检测目标与方块相距一个坐标单位；第二个参数为 true 则表示检测范围包含对角线的方向；第三个参数表示检测目标为方块对象。因此，若某方块调用了 getNeighbours() 方法，则将获取与该方块在 8 个方向上相距一个坐标单位的所有方块对象，如图 5.4 所示。

接下来定义 openBlock() 方法以打开方块，其执行流程可以用如下伪代码进行描述：

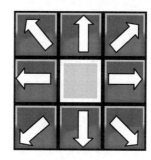

图 5.4　getNeighbours() 方法示意

```
private void openBlock(Block block) {
    标记方块状态为打开
    在方块上显示周围的地雷数
    if (方块周围没有地雷) {
        获取与方块相邻的所有方块对象
        for (相邻的每一个方块对象) {
            if(该方块没有被打开) {
                openBlock(该方块);
            }
        }
    }
}
```

需要注意的是，打开方块操作实质上是一个递归调用的过程，即当打开某方块时，若发现其周围方块都没有地雷，则需要进一步对其周围的所有方块都执行打开操作。可以为 openBlock() 方法编写如下代码：

```
// 递归地打开方块及其周围的所有方块
private void openBlock(Block block) {
    block.isOpen = true;                              // 标记方块状态为打开
    int bombNumber = block.getBombNumber(block);
    block.setImage("BlockClicked[" + bombNumber + "].png"); // 显示方块周围的地雷数
    if (bombNumber == 0) {                            // 若方块周围没有地雷，则进行处理
        List<Block> blocks = block.getNeighbours(1, true, Block.class);  // 获取相邻方块
        for (Block nBlock: blocks) {                  // 逐一打开相邻的各个方块
            if (!nBlock.isOpen) {                     // 若某方块没有被打开，则
                openBlock(nBlock);                    // 打开该方块
            }
        }
    }
}
```

上述代码中，通过调用方块的 getBombNumber() 方法来获取周围方块的地雷数，并根据地雷数目来设置对应的数字图像。在为游戏准备图片资源时，已经将数字图片的文件名加上了编号，并将其与图片中的数字对应起来（如数字 1 对应的图片文件名为“BlockClicked1.png”）。于是在显示地雷的数目时，只需要将方块的图像设置为与地雷数相同编号的图片文件即可。

改进后的 Block 类代码如下（粗体字部分表示新添加的代码）：

```
/**
 * 方块类，其中 20 个方块下藏有地雷
 */
public class Block extends Actor {
    private boolean isBomb = false;          // 标记方块下是否有地雷
    private boolean isFlagged = false;       // 标记方块上是否插了旗子
    private boolean isOpen = false;          // 标记方块是否被打开

    // 获取旗子的标记
    public boolean getFlag() {
        return isFlagged;
    }

    // 设置地雷
    public void setBomb() {
        isBomb = true;
    }

    // 获取地雷标记
```

```java
public boolean getBomb() {
    return isBomb;
}

// 更新方块对象的游戏逻辑，游戏每帧执行一次
public void act() {
    checkMouse();
}

// 处理鼠标单击事件
public void checkMouse() {
    // 若检测到鼠标的单击事件，则进行处理
    if (Greenfoot.mouseClicked(this)) {
        MouseInfo mouse = Greenfoot.getMouseInfo();        // 获取鼠标信息
        // 若鼠标右键单击方块，同时方块没有被打开，则进行处理
        if (mouse.getButton() == 3 && !isOpen) {
            if (!isFlagged) {                              // 若方块上没有插旗子，则
                setImage("BlockFlagged.png");              // 将方块图片换为旗子图片
                isFlagged = true;                          // 将旗子标记置为 true
            } else {                                       // 若方块已经插了旗子，则
                setImage("Block.png");                     // 重新设置为方块图片
                isFlagged = false;                         // 将旗子标记置为 false
            }
        }
        // 若鼠标左键单击方块，同时方块上没插旗子，则进行处理
        if (mouse.getButton() == 1 && !isFlagged) {
            if (isBomb) {                                  // 若该方块下有地雷，则

            } else {                                       // 若该方块下没有地雷，则
                openBlock(this);                           // 打开该方块
            }
        }
    }
}

// 递归地打开方块及其周围的所有方块
private void openBlock(Block block) {
    block.isOpen = true;                                   // 标记方块状态为打开
    int bombNumber = block.getBombNumber(block);
    block.setImage("BlockClicked[" +bombNumber+ "].png");
    if (bombNumber == 0) {
        List<Block> blocks = block.getNeighbours(1, true, Block.class);
        for (Block nBlock: blocks) {                       // 逐一打开相邻的各个方块
            if (!nBlock.isOpen) {                          // 若某方块没有被打开，则
                openBlock(nBlock);                         // 打开该方块
            }
        }
    }
}
```

```
// 获取方块周围埋藏的地雷数量
private int getBombNumber(Block block) {
    int bombNumber = 0;                                   // 该变量用来记录地雷数
    List<Block> blocks = block.getNeighbours(1, true, Block.class);
    for (Block nBlock: blocks) {                          // 检测相邻各方块下是否有地雷
        if (nBlock.getBomb()) {                           // 若某方块下有地雷，则
            bombNumber++;                                 // 地雷数量加 1
        }
    }
    return bombNumber;                                    // 返回地雷数
}
```

编译并运行游戏"MineSweep3"，测试一下插旗和打开方块的操作。

5.2.4　游戏结束判定和处理

最后为游戏加入结束的判定规则。这需要分为两种情况：当玩家左键单击某个埋设地雷的方块时，则游戏失败；或者当游戏中所有埋设了地雷的方块都被插上旗子，则游戏胜利。

对于游戏失败的判定和处理可以在鼠标左键的单击事件处理中进行。具体来说，当左键单击某个方块而该方块藏有地雷，则播放爆炸的音效，并显示所有的地雷方块，同时停止游戏。对 Block 类中的鼠标左键事件处理程序进行完善，代码如下（粗体字部分表示新添加的代码）：

```
// 若鼠标左键单击方块，同时方块上没插旗子，则进行处理
if (mouse.getButton() == 1 && !isFlagged) {
    if (isBomb) {                                         // 若该方块下有地雷，则
        GameWorld world = (GameWorld) getWorld();         // 获取游戏场景对象
        world.showAllBomb();                              // 显示场景中所有的地雷
        Greenfoot.playSound("bomb.wav");                  // 播放爆炸音效
        Greenfoot.stop();                                 // 停止游戏
    } else {                                              // 若该方块下没有地雷，则
        openBlock(this);                                  // 打开该方块
    }
}
```

上述代码中调用了 showAllBomb() 方法来显示所有的地雷方块，该方法是在 GameWorld 类中定义的，作用是将所有地雷方块的图像设置为地雷的图片。

对于游戏胜利的判定和处理则是在 GameWorld 类中进行的。在 act() 方法中不断地进行检查，判断是否所有的地雷方块都被插上了旗子，若是则播放胜利的音效并停止游戏。改进后的 GameWorld 类的代码如下（粗体字部分表示新添加的代码）：

```java
/**
 * 游戏场景类，用来提供游戏进行的场景
 */
public class GameWorld extends World {
    private ArrayList<Block> blocks = new ArrayList<Block>();    // 方块列表

    // 构造方法，用来为游戏场景添加初始对象
    public GameWorld() {
        super(15, 15, 25);       // 建立15×15的方块阵列，每个方块尺寸为25像素×25像素
        for (int i = 0; i < getWidth(); i++) {           // 对于游戏场景的每一列
            for (int j = 0; j < getHeight(); j++) {      // 对于游戏场景的每一行
                Block block = new Block();               // 创建方块对象
                blocks.add(block);                       // 加入方块列表
                addObject(block, i, j);                  // 添加至游戏场景
            }
        }
        Collections.shuffle(blocks);                     // 打乱方块列表中各个方块的顺序
        for (int i = 0; i < 20; i++) {                   // 对于方块列表中的前20个方块
            blocks.get(i).setBomb();                     // 在其下设置地雷
        }
    }

    // 显示所有的地雷
    public void showAllBomb() {
        for (int i = 0; i < 20; i++) {                   // 对于方块列表中的所有地雷方块
            blocks.get(i).setImage("Bomb.png");          // 将其图像设置为地雷
        }
    }

    // 更新游戏逻辑，游戏每帧执行一次
    public void act() {
        for (int i = 0; i < 20; i++) {                   // 对于方块列表中的所有地雷方块
            if (!blocks.get(i).getFlag()) {              // 若其没有插上旗子，则
                return;                                  // 返回
            }
        }
        Greenfoot.playSound("win.wav");                  // 播放获胜的声音
        Greenfoot.stop();                                // 游戏停止
    }
}
```

　　至此，扫雷游戏的主要功能便全部实现了，编译并运行"MineSweep4"来测试游戏的运行效果。游戏失败时的情形如图 5.1 所示，而游戏胜利后的情形如图 5.5 所示。

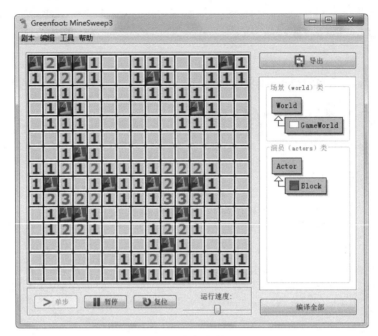

图 5.5　游戏胜利画面

5.3　游戏扩展练习

虽然这里实现了扫雷游戏的基本功能，但是相比于 Windows 系统自带的扫雷游戏，还有许多可以改进之处。不妨将此游戏和 Windows 中的扫雷游戏进行对比，后者如图 5.6 所示。从图中可以看到，Windows 扫雷游戏的运行界面被划分为上下两部分：下面部分是地雷区，同时也是玩家可以用鼠标操作的游戏区域；上面部分是功能区，从左到右分别是地雷计数器、重置按钮和计时器。其中地雷计数器显示地雷总数，重置按钮用来开始新的一局游戏，计时器则显示玩家进行游戏所耗费的时间。

可以按照 Windows 扫雷游戏的设计来扩展本章介绍的游戏，主要是为游戏加入功能区，即加入地雷计数器、重置按钮和计时器。这具体包含以下几方面的工作：

（1）对游戏界面重新进行布局，将游戏场景的上方留出一部分区域作为功能区。可以定义几个 Actor 对象，分别表示地雷计数器、重置按钮和计时器，并将它们依次加入游戏场景的上方。

（2）实现地雷计数器功能。地雷计数器用来辅助玩家统计地雷个数，其初始值为游戏区域中的地雷总数，每当玩家给某个方格插上旗子后其数值要减 1。可以对鼠标右键的单击事件做一些调整，实现插旗子操作的同时改变地雷计数器的值。

图 5.6　Windows 系统中的扫雷游戏

（3）实现重置按钮的功能。此功能用来重新开始游戏，当用户单击该按钮则需要将游戏重新设为初始状态，因此可以考虑将所有方块从游戏场景中全部移除，并重新添加新的方块阵列。

（4）实现计时器功能。计数器用来统计游戏进行的时间，可以调用 Java API 中获取系统时间的方法来实现此功能。具体来说，首先保存游戏开始时的系统时间，然后在游戏过程中不断地获取当前系统时间，并用当前时间与开始时间相减，其差值便是游戏运行的时间。

（5）选择游戏难度。在 Windows 的扫雷游戏中，还可以选择不同的方块阵列及地雷数量。默认情况下分为初、中、高三种难度级别：初级难度下方块阵列由 9×9 个方块组成，包含 10 个地雷；中级难度由 16×16 个方块组成，包含 40 个地雷；高级难度由 16×30 个方块组成，包含 99 个地雷。可以按照类似的思路为自己的游戏设置难度级别，不同的级别对应不同的方块数及地雷数，以此增加游戏的挑战性和可玩性。

第三篇

休闲类游戏设计

第6章

弹钢琴游戏

相较于前面的章节，本章将从头开始编写一个模拟的弹钢琴游戏，游戏界面如图 6.1 所示，运行这个游戏能够弹奏出动听的音乐。

图 6.1　弹钢琴游戏界面

6.1　游戏整体设计

首先需要为游戏设计场景和角色。对于弹钢琴游戏，游戏角色就是一组钢琴的琴键，而游戏场景则用来放置这些琴键，于是可以为游戏设置两个类：琴键类（Key）和钢琴场景类（Piano）。

接下来考虑游戏规则的设计。主要考虑以下几个问题：

（1）如何表示弹钢琴游戏中的每个琴键？

（2）如何自动地在场景中添加所有琴键？

（3）如何对琴键进行弹奏操作？

对于第（1）个问题，需要为每个琴键创建一个琴键对象进行表示。可将琴键对象的图像设置为琴键图片，而由于钢琴中包含白色琴键和黑色琴键，因此需要用不同的图片分别表示。另外，每个琴键的音阶各不相同，因此还需要为每个琴键对象赋予不同的音效文件。

对于第（2）个问题，可以通过循环语句进行操作。由于白键和黑键在钢琴上的位置有所差异，因此需要分别进行添加。这可以在场景类中实现。

对于第（3）个问题，需要对用户输入事件进行处理。虽然用鼠标和键盘都可以控制钢琴的弹奏，但是比较而言，使用键盘进行控制更为合适，因为每一个键盘上的按键都可以对应一个琴键，这样弹奏起来比较方便自如。于是需要对键盘的按键事件进行处理，并且为每个琴键设置一个对应的键盘按键，当按下某个按键后，游戏要显示弹奏的动画，同时播放相应的音效。

6.2 游戏程序实现

基于 6.1 节的考虑和设计，将游戏的实现分解为以下几个小任务，然后逐步来实现。

（1）添加一个琴键。创建 Piano 类和 Key 类，并在游戏场景中添加一个琴键。

（2）实现琴键的弹奏。完善 Key 类，实现琴键弹奏的动画，播放弹奏的音效。

（3）绘制所有的琴键。完善 Piano 类，并进一步完善 Key 类，自动添加所有的白色琴键及黑色琴键。

6.2.1 添加一个琴键

打开"piano1"项目，可以看到如图 6.2 所示的游戏界面。右侧的类图表明了弹钢琴游戏的类结构，其中有一个钢琴场景类 Piano 和琴键类 Key，其中 Piano 类中已经加载了一张木纹图像作为游戏界面。目前还没有生成琴键对象，因此 Piano 界面上看不到任何琴键。

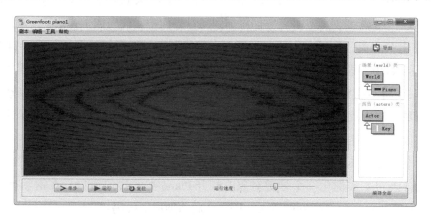

图 6.2 弹钢琴游戏设计界面

项目"Piano1"已经构建了一个简单的游戏框架，查看 Piano 类的代码可以发现其中只有一个构造方法 Piano()，具体如下：

```java
/**
 * 钢琴类，用来放置琴键
 */
public class Piano extends World {
    public Piano() {
        super(800, 340, 1);
    }
}
```

以上代码表示在游戏的场景界面上绘制一个 800 像素 ×340 像素的钢琴界面。接下来打开 Key 类的代码窗口，可以发现 Key 类的代码如下：

```java
/**
 * 琴键类，用来表示钢琴的琴键
 */
public class Key extends Actor {
    public Key() {
    }
    public void act() {
    }
}
```

Key 类中只有两个空白的方法：一个是构造方法 Key()，用来生成琴键对象；另一个方法是 act()，表示单击琴键后所执行的动作。每当一个键盘按键被按下后，钢琴便能弹奏出一个音符，则可以将钢琴弹奏一个音符的代码写入 Key 类的 act() 方法中。这样，当实例化 Key 类来创建琴键对象后，琴键对象便可以弹奏出该音符。

接下来的任务是完善琴键类 Key，包括 Key 类中的 act() 等方法。之后在游戏场景类 Piano 里生成所有的琴键对象，并将它们添加到场景界面中，便完成了弹钢琴游戏的制作。

鼠标右击 Key 类，可以在木纹图像界面上"绘制"一个琴键对象，但该琴键对象并不能被保存到项目中，即使单击"编译全部"按钮，也不能将此对象保存。当再次打开项目"piano1"时，将不能看见界面上的这个琴键对象。原因是目前的操作只是图像界面上的操作，还没有将其写成代码并保存到项目中。因此，只有在程序代码里面完成了琴键对象的实例化后，才能在程序界面上显示出琴键。

现在，需要生成 Key 类的一个对象，并且能够在钢琴界面上显示该对象，这就需要使用 new Key() 语句来实例化一个琴键对象。打开 Piano 类的代码窗口，在钢琴类构造方法 Piano() 里面的"super（800，340，1);"语句之后添加以下代码：

```java
Key key_g = new Key( );
```

然后单击"编译全部"按钮，再打开游戏场景界面，会发现没有任何变化。一般来说，只要执行了 new Key() 语句，内存中就创建了一个 Key 类的对象。但目前还需要一条语句来将它显示在钢琴场景界面上，而这需要调用 Greenfoot API 中 World 类提供的 addObject() 方法。因此，在生成琴键对象后，要调用 addObject() 方法将 key_g 对象添加到游戏场景中，这样才能看到"绘制"出的琴键。具体代码如下所示（粗体字部分表示新添加的代码）：

```java
/**
 * 钢琴类，用来放置琴键
 */
public class Piano extends World {
    public Piano() {                        //Piano 类的构造方法
        super(800, 340, 1);
        Key key_g = new Key();
        addObject(key_g , 300 , 180);
    }
}
```

以上代码中"addObject(key_g ,300,180);"语句表示将琴键对象 key_g 添加到 Piano 类的场景界面中，其坐标为（300，180）。接下来，单击"编译全部"按钮，就会在 Piano 类的场景界面上看到添加的琴键了，如图 6.3 所示。

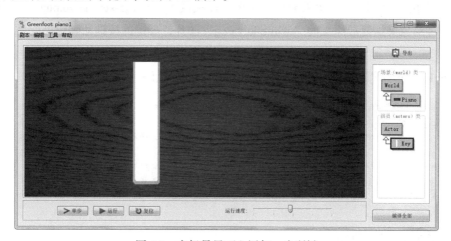

图 6.3　在场景界面上添加一个琴键

6.2.2　实现琴键的弹奏

1. 添加按键动画

上面添加的琴键并不能实现被按下的动画效果，因为目前还没有将其与某个键盘按键联系起来，同时也没有实现琴键按住与弹起的动画效果。现在给它添加相关的代码，当按住 G

键时，场景界面上的琴键对象能表现出被按下的效果；当松开 G 键时，琴键对象又将被弹起。为了实现该动画效果，需要准备两张图片交替表现琴键的"按下"与"松开"效果，如图 6.4 所示。

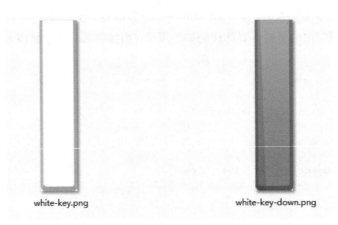

white-key.png   white-key-down.png

图 6.4　钢琴的按键动画效果图片

这意味着，当没有按住 G 键时，场景界面中的琴键对象用图片"white-key.png"来表现"松开"；当按住 G 键后，琴键对象的显示图片便换成了"white-key-down.png"；当松开 G 键后，琴键对象又恢复成原来的"white-key.png"图片，琴键的按键动画效果就是这样来实现的。

打开 Key 类的代码窗口，在其 act() 方法中添加如下代码：

```
public void act() {
    if ( Greenfoot.isKeyDown("g")) {          // 如果按下 G 键
        setImage("white-key-down.png");       // 显示琴键被按下的效果图片
    }
    else {
        setImage("white-key.png");            // 显示琴键松开的效果图片
    }
}
```

以上代码的具体说明如下：

（1）isKeyDown() 方法是 Greenfoot 提供的类方法，用来捕捉键盘上的按键情况，它的返回值是 true 或 false。例如，若按住 G 键，则 isKeyDown("g") 就返回一个 true 值；若按住的不是 G 键，则返回 false 值。

（2）setImage() 方法表示给对象加载图像，其参数表示需要加载的图像文件名。例如，setImage("white-key.png") 表示给 Key 类的对象加载文件名为"white-key.png"的图片，从而在钢琴场景界面里看到的琴键对象就是该图片中所保存的图像。

（3）"white-key.png"和"white-key-down.png"这两张图片是事先准备好的，并且都被保存在游戏项目文件夹里的"images"子文件夹里面。

（4）上面的 isKeyDown() 方法和 setImage() 方法的调用形式有所区别，它们都是 Greenfoot 所提供的方法，但前者是 Greenfoot 类的静态方法，调用时需要在方法名前加上方法所属的类名，即 Greenfoot.isKeyDown()，而后者是 Key 类的对象方法，调用时前面不用写出方法所属的类名。

现在，单击"运行"按钮来启动 Key 类的 act() 方法。接着按住 G 键，观察场景界面上的琴键被按下的动画效果。

2. 添加按键音效

目前已经实现了琴键的动画效果，接下来给琴键添加声音效果，让琴键按下时能弹奏出悦耳动听的音符。在 Greenfoot 里添加声音的步骤如下：首先准备好声音文件，例如"3a.wav"就是要用在 G 键上的声音文件，将其保存在项目文件夹的 sounds 子文件夹里面。然后，调用 Greenfoot 类的静态方法 playSound() 即可播放声音。接下来在 Key 类的 act() 方法里面添加播放声音的代码，具体代码如下：

```
public void act() {
    if ( Greenfoot.isKeyDown("g")) {          // 如果按下 G 键
        Greenfoot.playSound("3a.wav");        // 演奏声音文件 "3a.wav"
        setImage("white-key-down.png");       // 显示琴键按下的效果图片
    }
    else {
        setImage("white-key.png");            // 显示琴键松开的效果图片
    }
}
```

接下来，编译并运行游戏后按住 G 键，钢琴便能奏出"哆"这个音符。但还存在一个问题，即若是一直按住 G 键不松开，则琴键就一直保持被按下的状态，琴键对应的声音文件就持续地被播放，这和现实的情形不符。现实中钢琴演奏是按下一个琴键，钢琴便弹奏出一个音符，这个音符的长度不受琴键被按下的时间长短所控制。换句话说，无论琴键被按下后马上松开，还是被按下后过一会儿再松开，琴键声音文件只能播放一次，而直到松开按键后再次按下时，才能重新听到琴键发出的声音。

若要钢琴弹奏音符时不受演奏者击键速度快慢的影响，常用的解决办法是声明一个 boolean 类型的变量作为标记，用其记录某个琴键是否被按下的状态，然后在条件判断语句中考虑这个状态变量取不同值时的情况。

具体来说，首先在 Key 类的开头添加一个布尔型字段 isDown，用来记录琴键是否被按下的状态，其值为 true 表示琴键被按下，否则表示琴键松开了。然后根据 isDown 的值分别处理：若 G 键原来是松开的（isDown 的值为 false），那么此时按 G 键，就演奏"哆"的音符，同时呈现琴键被按下的效果；若 G 键原来是被按住的（isDown 的值为 true），现在还一直被按住，则琴键的图像仍然保持被按下的效果，即不更换琴键效果图像。但是，此情况下不再持续地演奏音符，而只有在琴键松开后再次被按下时，才能第二次发出声音；若 G 键原来已被按住，并且目前 G 键没有再被按住，则更换琴键的图像为松开效果。

根据以上分析，可以将之前 act() 方法中的代码作如下修改：

```java
public void act() {
    if (!isDown && Greenfoot.isKeyDown("g")) {
        Greenfoot.playSound("3a.wav");
        setImage("white-key-down.png");
        isDown = true;
    }
    if (isDown && !Greenfoot.isKeyDown("g")) {
        setImage("white-key.png");
        isDown = false;
    }
}
```

查看编译运行后的效果，可以发现前面所说的问题很好地解决了。

6.2.3　绘制所有的琴键

1. 重载 Key 类的构造方法

到目前为止，游戏只是实现了一个琴键的弹奏功能，而一架钢琴有许多琴键，除了白色琴键之外，还有黑色琴键。由此可见，每个琴键对象都需要对应一个键盘按键和一个声音文件。由于钢琴有几十个琴键，那么需要在 Key 类的 act() 方法里面用几十组 if 语句来为每个琴键对象指定其键盘按键和声音文件，这势必将会导致 act() 方法中产生很多的重复代码。

因此，可以在使用 Key 类的构造方法实例化每个琴键对象时，就指定这个琴键对象的键盘按键和声音文件。具体来说，可以编写一个通用的 Key 类构造方法，使它能够将键盘按键和声音文件作为参数传入构造方法中，这样便可在创建每个琴键对象时就为其指定键盘按键和声音文件。下面具体讨论实现步骤。

首先，在 Key 类分别添加如下两个字段：

```java
private String key;          // 字段 key 表示键盘按键的名称
private String sound;        // 字段 sound 表示琴键对应的声音文件名
```

接着，在构造方法 Key() 之后添加一个同名的构造方法，但是它的参数不同，具体代码如下：

```
public Key(String keyName, String soundFile) {
    sound = soundFile;
    key = keyName;
}
```

　　然后，在弹钢琴游戏场景类 Piano 里调用 Key 类的构造方法以实例化琴键对象。打开 Piano 类的代码编辑界面，将 Piano() 方法中的代码修改为如下形式（粗体字部分表示修改后的代码）：

```
/**
* 钢琴类，用来放置琴键
*/
public class Piano extends World {
    public Piano() {
        super(800 , 340 , 1);
        Key key_g = new Key("g" , "3a.wav");
        addObject(key_g , 300 , 180);
    }
}
```

　　相应地，由于键名和声音文件名都传入对象 Key_g 中，那么 Key 类的 act() 方法也要做相应修改。它表示当以后 Key 类的某个对象调用其 act() 方法时，act() 方法将按照这个琴键对象的 key 字段和 sound 字段所指定的键盘按键和声音文件运行，图 6.5 显示了 key_g 对象与 Key 类的关系。

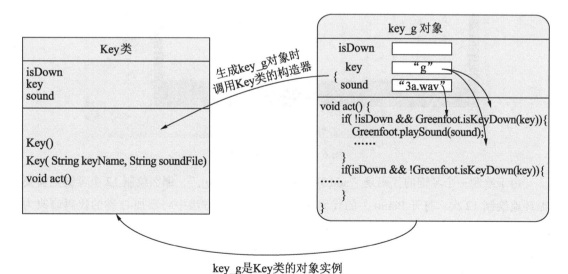

图 6.5　key_g 对象与 Key 类的关系

　　修改后的 Key 类的 act() 方法代码如下：

```
public void act() {
    if (!isDown && Greenfoot.isKeyDown(key)) {
        Greenfoot.playSound(sound);
        setImage("white-key-down.png");
        isDown = true;
    }
    if (isDown && !Greenfoot.isKeyDown(key)) {
        setImage("white-key.png");
        isDown = false;
    }
}
```

编译并运行程序后并按下 G 键，可以发现运行效果与之前一样。而经过以上修改后的 act() 方法具有通用性，对于任何按键及声音文件，只要在构造琴键对象时将它们作为参数分别传递给琴键对象的 key 和 sound 两个字段，则 act() 方法无须修改，便能适用于任何琴键。

2. 绘制白色琴键

前面已经在钢琴界面上的（300，180）坐标处绘制了一个琴键"G"，下面需要在钢琴上依次绘制如图 6.6 所示的 12 个白色琴键。

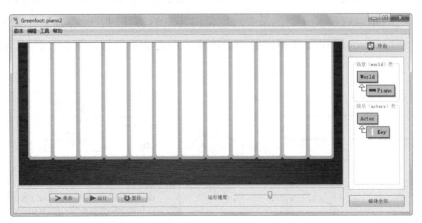

图 6.6　绘制白色琴键

由于绘制一个琴键的代码是"addObject(key_g,300,140);"，那么绘制 12 个琴键则需要循环地绘制 12 次。打开 Piano 类的代码窗口，在 Piano() 方法中将添加 G 键的代码修改为如下：

```
int i = 0;
while (i < 12) {
    Key key = new Key( "g", "3a.wav");
    addObject(key, 54 + (i * 63), 140);        // 每隔 63 个像素绘制一个琴键
    i = i + 1;
}
```

这样便能在钢琴场景界面上绘制 12 个琴键，每个琴键都是调用 addObject() 方法绘制的。运行上面的代码，可以发现这 12 个白色琴键全部都是 G 键，而且每个琴键的声音都是一样的。现在需要循环地遍历这 12 个不同的键名和声音文件名。

首先定义如下两个数组：

```
private String[] whiteKeys = { "a", "s", "d", "f", "g", "h", "j", "k", "l", ";", "'", "\\" };
private String[] whiteNotes = { "3c", "3d", "3e", "3f", "3g", "3a","3b", "4c", "4d",
"4e", "4f", "4g" };
```

其中，第一个数组 whiteKeys 表示键名的集合，第二个数组 whiteNotes 表示每个键名对应的声音文件名（不包括文件的扩展名）的集合，这样就可利用数组下标来访问对应的键名和声音文件。

接下来修改 Piano 类中 Piano() 构造方法里的琴键对象生成代码，如将" new Key("g", "3a.wav");"里面的"g"和"3a"换成对应的数组元素，然后将其作为参数传入琴键对象中，便可绘制出各个琴键对象。同时，为了提高代码的可读性，不妨将生成琴键对象和琴键绘制代码封装到一个 makeKeys() 方法中，并在 Piano() 方法里调用 makeKeys() 方法。具体代码如下所示（粗体字部分表示新添加的代码）：

```
/**
 * 钢琴类，用来放置琴键
 */
public class Piano extends World {
    private String[] whiteKeys = { "a", "s", "d", "f", "g", "h", "j", "k", "l", ";",
"'", "\\" };
    private String[] whiteNotes = { "3c", "3d", "3e", "3f", "3g", "3a", "3b",
"4c", "4d", "4e", "4f", "4g" };
    public Piano() {
        super(800, 340, 1);
        makeKeys();  // 调用 makeKeys() 方法在游戏场景界面上绘制所有白色琴键
    }
    private void makeKeys() {
        int i = 0;
        while (i < whiteKeys.length) {
            Key key = new Key(whiteKeys[i], whiteNotes[i] + ".wav");
            addObject(key,  54 + (i * 63), 140);
            i = i + 1;
        }
    }
}
```

编译运行项目"piano2"，分别按下"A""S""D""F""G""H""J""K""L"";""'""\"
这 12 个键，便能够让钢琴弹奏出优美的乐曲。

3. 绘制所有的黑色琴键

一台钢琴除了拥有白色琴键之外，还应该有黑色琴键。接下来继续完成黑色琴键的绘制，完整的弹钢琴游戏界面如图 6.1 所示。由于黑色琴键表示的音符是对应白色琴键的升半调音符，因此可以设计如下数组来表示黑色琴键：

```
private String[] blackKeys = { "W", "E", "", "T", "Y", "U", "", "O", "P",
 "", "]" };
private String[] blackNotes = { "3c#", "3d#", "", "3f#", "3g#", "3a#", "", "4c#",
 "4d#", "", "4f#" };
```

在上面的数组中，W 键和 E 键分别是 A 键和 S 键的升半调音符；T 键、Y 键和 U 键分别是 F 键、G 键和 H 键的升半调音符；O 键和 P 键分别是 K 键和 I 键的升半调音符；] 键是 \ 键的升半调音符；而 D 键、J 键和；这 3 个键没有对应的升半调音符，所以它们的数组元素值为空。

由于增加了黑色琴键，则分别需要准备黑色琴键按下和松开的效果图片 "black-key.png" 和 "black-key-down.png"，并将它们放置在项目文件夹的 "images" 子文件夹中。又由于白色琴键也有两张效果图片，而白键和黑键都是 Key 类的对象，都要在 Key 类的 act() 方法中调用 setImage() 方法来设置动画效果，因此可以在生成琴键对象时，将琴键所对应的效果图片传入其构造方法中。接下来打开 Key 类的代码框，为 Key 类增加 upImage 和 downImage 两个字段，代码如下：

```
private String upImage;                    // 琴键弹起的效果图片名
private String downImage;                  // 琴键按下的效果图片名
```

然后修改其构造方法如下：

```
public Key(String keyName, String soundFile, String img1, String img2) {
    sound = soundFile;
    key = keyName;
    upImage = img1;
    downImage = img2;
    setImage(upImage);
    isDown = false;
}
```

接下来将 Key 类的 act() 方法修改为如下的通用形式：

```
public void act() {
    if (!isDown && Greenfoot.isKeyDown(key)) {
        Greenfoot.playSound(sound);
        setImage(downImage);
        isDown = true;
```

```
    }
    if (isDown && !Greenfoot.isKeyDown(key)) {
        setImage(upImage);
        isDown = false;
    }
}
```

现在 Key 类的设计已经基本完成，剩下的工作只是在场景类 Piano 中生成与添加琴键对象。下面打开 Piano 类的代码编辑界面，将黑色琴键的数组定义加入其中，并将 makeKeys() 方法修改为如下（粗体字部分表示新添加的代码）：

```
private void makeKeys() {
    int i = 0;
    // 绘制白色琴键
    while (i < whiteKeys.length) {
        Key key = new Key(whiteKeys[i], whiteNotes[i]+".wav",
                          "white-key.png", "white-key-down.png");
        addObject(key, 54 + ( i * 63), 140);
        i = i + 1;
    }
    // 绘制黑色琴键
    for (i = 0; i < blackKeys.length; i++) {
        if ( ! blackKeys[i].equals("") ) {
            Key key = new Key(blackKeys[i], blackNotes[i]+".wav",
                              "black-key.png", "black-key-down.png");
            addObject(key, 85 + (i * 63), 86);
        }
    }
}
```

至此完成弹钢琴游戏的设计与实现。接下来便可以找一首简单的乐曲弹奏了。编译并运行项目"piano3"，试一试钢琴弹奏的效果。

6.3 游戏扩展练习

可以考虑从以下几方面对游戏进行扩展。

（1）加入更多琴键。目前的游戏只有 12 个白色琴键和 8 个黑色琴键，能够弹奏的音阶有限，因此可以考虑在游戏中添加更多的琴键。为此，首先需要准备琴键对应的声音文件，并放置于项目文件夹下的"sounds"目录中。接着对 Piano 类进行修改，在琴键数组中为新添加的琴键定义相应的键盘按键和音效。

（2）加入鼠标操作。除了使用键盘弹奏钢琴，还可以用鼠标单击来弹奏。当鼠标单击某个琴键时，钢琴便会弹奏出相应的音效。这需要对鼠标的单击事件进行处理，可以修改 Key

类的 act() 方法，加入相应的事件处理代码。

（3）实现自动弹奏。可以设置一份琴谱，然后让游戏自动演奏琴谱中的音乐。琴谱实际上就是一个音符的弹奏序列，其中记录了需要依次弹奏的音符名称。若要实现自动弹奏，首先需要用列表集合保存所有琴键对象，接着根据琴谱中的音符名称获取对应的琴键对象，然后显示该琴键的弹奏动画，并播放该琴键对应的音效。

（4）实现可视化的弹奏效果。弹钢琴游戏中主要的反馈媒介是声音，若是再加入一些动画则会更加精彩。不妨考虑在游戏中加入一些动画，实现可视化的弹奏效果。例如可以加入波形显示，随着玩家的弹奏，游戏界面中会显示音乐的波形动画；或者加入彩色的光柱，每个琴键对应不同的颜色，当按下某个琴键时便会显示相应的光柱。当玩家弹奏音乐的时候，游戏界面中便会呈现出五光十色的炫彩效果。

第7章
贪食蛇游戏

贪食蛇游戏是风靡各种游戏平台的经典益智游戏，游戏规则很简单：玩家操作屏幕上的蛇去吃"食物"，每吃到一个食物后蛇的身体会伸长一个单位，如此直到蛇头碰到屏幕边界或自己的身体为止游戏结束。游戏运行界面如图 7.1 所示。

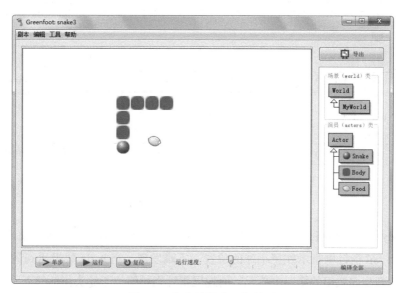

图 7.1　贪食蛇游戏运行界面

7.1　游戏整体设计

虽然游戏规则简单，但是要编写程序来实现该游戏却需要考虑很多细节问题。首先要考虑用什么样的数据结构来描述贪食蛇的身体。从图 7.1 中可以看到，贪食蛇用一个蓝色小球表示蛇头，同时用一系列红色小球表示蛇身。由于蛇身由多个小球组成，而每个小球都有自己的坐标值，因此有必要保存每个小球的坐标值以便在合适的位置将其绘制出来。一个简单的办法是使用数组来存放各个小球的坐标值，数组的长度定义为蛇身的最大长度。进一步地，需要将该数组设定为一个循环数组，因为蛇身的各个小球的坐标值是不断变化的，前一个小球当前的坐标值便是后一个小球下一帧的坐标值。由此可见，除了蛇头小球的坐标需要更新之外，其余小球的坐标可以利用之前保存的值，而这正好可以通过循环数组的操作来实现，原理如图 7.2 所示。

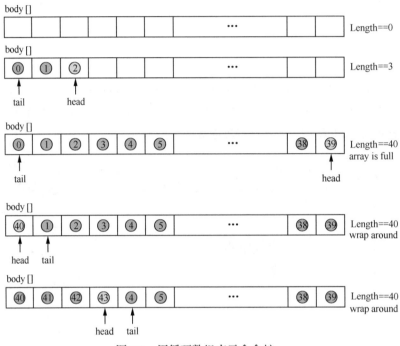

图 7.2　用循环数组表示贪食蛇

图中 body 数组中的各个单元用来存放蛇身各小球的坐标值，head 指针用于指示蛇头小球的位置，而 tail 指针则指示蛇尾小球的位置。不难发现，当 body 数组达到最大长度之后，蛇头指针又重新指向数组的第一个单元，而蛇尾指针则始终位于蛇头指针的下一个位置。

然后需要考虑如何对贪食蛇的移动进行控制。在贪食蛇游戏中玩家主要对蛇头进行控制，当玩家按下某个方向键时，蛇头便朝着相应的方向移动，而蛇身则跟随蛇头移动的轨迹前进。由于对贪食蛇的坐标更新实质上是对蛇头小球的坐标进行更新，因此只需要即时改变蛇头小球的坐标值。具体来说，程序首先需要获取玩家的控制信息，然后根据不同的方向值来调整蛇头小球坐标。接下来需要更新蛇头和蛇尾指针，使其指向蛇身数组的正确位置。最后将蛇头小球的坐标值保存在蛇头指针所指向的数组单元中即可。

接下来讨论一下食物的表示。食物在游戏中是相对静止的，当贪食蛇没有吃到它时位置保持不变，而当贪食蛇吃到它时该食物消失，同时随机地在屏幕上的另一个地方出现。因此，食物的坐标更新依赖于贪食蛇的行为，需要在食物坐标更新方法中加入对贪食蛇运动的判定，这实际上是一个碰撞检测问题。

最后来考虑游戏程序的结构问题，具体来说，要确定程序代码的组织形式。若是按照面向对象编程思想，一切皆为对象，游戏中的每一种实体都可以抽象为类，并通过实例化来生成一个或多个对象。事实上，游戏程序的设计是适宜采用面向对象编程思想的，因为游戏世界通常是由各种各样的物体组成，例如人物、场景、障碍等，而这些都可以看作是各种不同的对象，可以通过面向对象编程思想进行抽象和封装，从而大大提高程序的可复用性和可扩展性。

按照面向对象编程思想，可以为贪食蛇游戏设计以下几个类：

（1）游戏场景（GameWorld）：作为游戏的运行场景，在其中添加贪食蛇和食物对象。

（2）贪食蛇类（Snake）：作为贪食蛇的表示，用来设置贪食蛇的属性，并对其移动逻辑进行更新，同时对玩家的控制信息进行处理。

（3）蛇身类（Body）：作为贪食蛇身体的单元，用来组成完整的贪食蛇身体。

（4）食物类（Food）：作为食物的表示，用来设置食物的属性，并对其与贪食蛇的移动进行碰撞检测。

7.2 游戏程序实现

根据 7.1 节的设计，本节编写贪食蛇游戏的程序代码。分以下几步来实现：首先实现对蛇头的移动控制，然后添加食物并使其与贪食蛇发生交互，最后为贪食蛇添加蛇身部分。

7.2.1 控制蛇头移动

打开项目"snake1"，可以看到其中已定义好了两个类，分别是游戏场景类 MyWorld 和贪食蛇类 Snake。首先看一下 MyWorld 类，代码如下：

```
/**
 *  游戏场景类，贪食蛇游戏运行的场景
 */
public class MyWorld extends World {
    //构造方法，初始化游戏设计尺寸，并添加游戏角色
    public MyWorld() {
        super(600, 400, 1);
        addObject(new Snake(), getWidth() / 2, getHeight() / 2);
        setPaintOrder(Snake.class);
    }
}
```

在 MyWorld 类中定义了一个大小为 600 像素 ×400 像素的游戏场景，并将贪食蛇对象

添加到场景正中心。然后调用 World 类的 setPaintOrder() 方法让贪食蛇显示在屏幕最顶层（避免被其他角色遮挡）。

由于暂时还未为贪食蛇添加蛇身，Snake 类目前表示的只是贪食蛇的蛇头，其图像设置为一个蓝色小球。Snake 类的代码如下：

```java
/**
 *  贪食蛇类，用来控制蛇头移动，获取食物，并对蛇身进行管理
 */
public class Snake extends Actor {
    private int speed;                              // 蛇头移动速度
    private int direction;                          // 蛇头移动方向
    public static final int SOUTH = 0;              // 该常量代表向下移动
    public static final int NORTH = 1;              // 该常量代表向上移动
    public static final int EAST = 2;               // 该常量代表向右移动
    public static final int WEST = 3;               // 该常量代表向左移动

    // 构造方法，初始化基本字段值
    public Snake() {
        speed = getImage().getAwtImage().getWidth() + 2;
    }

    // 处理游戏逻辑
    public void act() {
        checkKeydown();
        move();
    }

    // 控制蛇头朝不同方向移动
    public void move() {
        switch (direction) {
            case SOUTH:
            setLocation(getX(), getY() + speed);    // 向下移动
            break;
            case NORTH:
            setLocation(getX(), getY() - speed);    // 向上移动
            break;
            case EAST:
            setLocation(getX() + speed, getY());    // 向右移动
            break;
            case WEST:
            setLocation(getX() - speed, getY());    // 向左移动
            break;
        }
    }

    // 检测键盘按键事件，若按下方向键，则分别控制贪食蛇朝相应方向移动
```

```
    public void checkKeydown() {
        // 若按"上"键，且蛇头当前没有向下移动
        if (Greenfoot.isKeyDown("up") && direction != SOUTH) {
            direction = NORTH;
        }
        // 若按"下"键，且蛇头当前没有向上移动
        else if (Greenfoot.isKeyDown("down") && direction != NORTH) {
            direction = SOUTH;
        }
        // 若按"左"键，且蛇头当前没有向右移动
        else if (Greenfoot.isKeyDown("left") && direction != EAST) {
            direction =WEST;
        }
        // 若按"右"键，且蛇头当前没有向左移动
        else if (Greenfoot.isKeyDown("right") && direction != WEST) {
            direction = EAST;
        }
    }
}
```

在上述代码中，定义了字段 speed 用来表示贪食蛇的移动速度（即每一帧移动的像素距离），还定义了字段 direction 来表示贪食蛇的移动方向，同时定义了 4 个字符常量 EAST、WEST、SOUTH、NORTH 来分别表示东、西、南、北 4 个方向。

在构造方法中，对 speed 字段进行初始化，使其值稍大于蛇头小球的宽度，这样可以避免今后添加蛇身后，由于移动距离太短而引起蛇身的位置发生重叠。

上述代码中还定义了两个方法 checkKeydown() 和 move()，前者用来处理玩家的键盘按下事件，后者用来移动蛇头小球。

在 checkKeydown() 方法中，分别对键盘的上、下、左、右 4 个方向键进行了按键处理，当按下这 4 个键时，direction 字段的值会分别设置为 NORTH、SOUTH、WEST、EAST，从而控制贪食蛇的移动方向。需要注意的是，为贪食蛇头设置方向时，除了要判断按下的是哪个方向键，还要判断蛇头当前是否正朝着与按键相反的反向移动，若是则不能改变方向。这主要是为了防止贪食蛇出现反向运动。

在 move() 方法中实现贪食蛇头的移动。程序根据 direction 的值来调整蛇头的 x 或 y 坐标值，以此决定蛇头的移动方向。玩过贪食蛇游戏的玩家都知道，贪食蛇在移动的过程中是不会停下来的，因此需要在游戏运行过程中不断地更新贪食蛇的坐标。

将 move() 方法放置在 Snake 类的 act() 方法中，这样在游戏的运行过程中将会不断地自动调用 move() 方法，从而让贪食蛇一直移动下去。由于在游戏中也要即时地检测玩家的按键事件，因此也需要将 checkKeydown() 方法加入 act() 方法中。

编译并运行游戏"snake1"，测试一下贪食蛇头的移动控制效果。

7.2.2 添加食物

将贪食蛇的食物定义为 Food 类。在 Actor 下建立一个子类，命名为 Food，并为其设置图像。然后修改 MyWorld 类的构造方法，在其中加入以下代码：

```
int x = 10 + Greenfoot.getRandomNumber(getWidth() - 20);
int y = 10 + Greenfoot.getRandomNumber(getHeight() - 20);
addObject(new Food() , x , y );
```

上述代码调用了 Greenfoot 类的方法 getRandomNumber() 来随机生成食物的 x 和 y 坐标值，并限定食物在游戏场景中的位置范围，以防止其超出游戏窗口的边界。食物类的代码如下：

```
/**
 * 食物类
 */
public class Food extends Actor {
    // 更新食物位置
    public void act() {
        if (isTouching(Snake.class)) {   // 若是碰到贪食蛇，则随机移动到新的位置
            int x = 10 + Greenfoot.getRandomNumber(getWorld().getWidth() - 20);
            int y = 10 + Greenfoot.getRandomNumber(getWorld().getHeight() - 20);
            setLocation(x, y);
        }
    }
}
```

对于食物来说，主要是让它与贪食蛇进行碰撞检测，即判断贪食蛇是否吃到食物。因此在食物类的 act() 方法中调用了 Actor 类的 isTouching() 方法来检查，若返回值为 true 则表示贪食蛇头与食物有所接触，于是随机地改变食物的位置，使其在游戏场景的另一个位置重新出现。

编译并运行项目"snake2"来观察添加食物后的游戏效果。

7.2.3 添加蛇身部分

1. 定义蛇身类

定义 Body 类来表示蛇身小球。为了将蛇头与蛇身小球进行区分，将 Body 类的图像设置为红色小球。在游戏整体设计部分已经提到，为了表示贪食蛇的身体，需要显示一系列的小球，而且每个小球都需要保存坐标信息以便在正确的位置进行显示。

为 Body 类定义字段 locX 和 locY 分别表示保存其 x 和 y 坐标值，并定义相应的方法以获取坐标值。Body 类的代码如下：

```
/**
 * 蛇身类，用来组成贪食蛇的身体
 */
public class Body extends Actor {
    private int locX;                        // 蛇身横坐标值
    private int locY;                        // 蛇身纵坐标值

    // 构造方法
    public Body(int x, int y) {
        locX = x;
        locY = y;
    }

    // 获取横坐标值
    public int getLocX() {
        return locX;
    }

    // 获取纵坐标值
    public int getLocY() {
        return locY;
    }
}
```

2. 改进贪食蛇类

接下来需要对 Snake 类进行一些改进。在加入 Body 类之后，Snake 类不仅仅只是对蛇头进行控制，还要对所有的蛇身小球进行操纵。于是在 Snake 类中增加如下字段：

```
private Body[] body;                         //body 数组用来保存蛇身
private static final int MAXLENTH = 20;      // 蛇身最大长度
private int head;                            // 蛇头指针
private int tail;                            // 蛇尾指针
private int length;                          // 蛇身长度
```

以上代码定义了 body 数组来存放整个贪食蛇的身体，其中每一个数组单元保存一个蛇身小球对象。由于数组是有长度限制的，于是定义了常量 MAXLENTH，用来限制 body 数组的大小，该值实际上也决定了贪食蛇身体的最大长度。因为 body 数组是循环利用的，所以定义了 head 和 tail 两个字段来标记贪食蛇在 body 数组中的位置（位于 head 和 tail 值之间的数组单元中保存了当前的蛇身小球对象）。最后定义了字段 length 来表示贪食蛇的长度，当贪食蛇吃到食物时其值加 1。为了实现该功能需要定义 checkFood() 方法，代码如下：

```
public void checkFood() {
    if (isTouching(Food.class) && length < MAXLENTH) {
        length++;
    }
}
```

上述代码调用 Actor 类的 isTouching() 方法进行判定：若蛇头碰到食物，且蛇身未达到上限，则 length 值加 1，表示蛇身长度增加一个单位。

接下来更新所有蛇身小球的位置。首先需要调整 head 和 tail 字段的值，然后将最新的蛇头坐标值保存下来。代码如下：

```
head = (head + 1) % body.length;                        // 调整蛇头指针
tail = (head + body.length - length + 1) % body.length;  // 调整蛇尾指针
body[head] = new Body(getX(), getY());                   // 保存蛇头位置
```

上述代码每次执行时都会将 head 的值加 1，而 tail 的值则需要根据 length 的值来确定。需要注意的是，由于要对 body 数组进行循环利用，因此在 head 和 tail 的值改变之后都要对数组长度做取模操作。最后将蛇头当前坐标值保存在 head 值所指示的数组单元中。

接下来把更新后的贪食蛇身体显示在游戏场景中。做法是：首先将所有原来的蛇身小球从游戏场景中移除（通过调用 World 类的 removeObjects() 方法实现），然后将最新的蛇身小球添加到游戏场景中。代码如下：

```
if (length > 1) {              // 更新蛇身，根据蛇身各部分的位置重新添加至游戏场景
    World w = getWorld();
    int i = tail;
    w.removeObjects(w.getObjects(Body.class));      // 从场景中移除所有的蛇身小球
    while (i != head) {                              // 重新在场景中添加蛇身小球
        w.addObject(body[i], body[i].getLocX(), body[i].getLocY());
        i = (i + 1) % body.length;
    }
}
```

从上述代码中不难看出，程序是由蛇尾至蛇头的方向不断地向游戏场景中添加蛇身小球的。这里定义了 updateBody() 方法并将上述代码加入其中，用来更新并显示贪食蛇的身体。

3. 改进食物类

在加入蛇身后，要对食物类做出相应的改变，以避免食物被吃掉后重现出现时碰到贪食蛇的身体。解决方法是，每当随机生成食物的新位置时，便判断该位置处是否存在蛇身小球，若是则重新生成食物的位置。可以调用 World 类的 getObjectsAt () 方法来检查某个坐标位置处是否存在蛇身小球。改进后的 Food 类代码如下（粗体字部分表示新添加的代码）：

```
/**
 * 食物类
 */
public class Food extends Actor {
    // 更新食物位置
    public void act() {
        if (isTouching(Snake.class)) {          // 若是碰到贪食蛇，则随机移动到新的位置
```

```
                int x = 10 + Greenfoot.getRandomNumber(getWorld().getWidth() - 20);
                int y = 10 + Greenfoot.getRandomNumber(getWorld().getHeight() - 20);
                World w = getWorld();
                // 若生成的新位置处有贪食蛇的身体，则重新生成新的位置
                while (w.getObjectsAt(x, y, Body.class).size() != 0) {
                    x = 10 + Greenfoot.getRandomNumber(w.getWidth() - 20);
                    y = 10 + Greenfoot.getRandomNumber(w.getHeight() - 20);
                }
                setLocation(x, y);              // 将食物移动到新生成的位置处
            }
        }
    }
```

7.2.4　设定游戏结束规则

当贪食蛇的蛇头在移动中碰到游戏窗口的边界，或是碰到自己的身体后结束游戏。于是定义了方法 checkGameOver() 来判断游戏是否结束，代码如下：

```
// 检查游戏是否结束
public void checkGameOver() {
    if (isAtEdge() || isTouching(Body.class)) {        // 若蛇头碰到窗口边界或蛇身，则
        getWorld().showText("Game Over! ", 300, 200);  // 显示游戏结束的文字
        Greenfoot.stop();                              // 游戏停止
    }
}
```

上述代码在检查结束条件时，通过调用 Actor 类的 isAtEdge() 方法来判断蛇头是否碰到游戏窗口的边界，而调用 Actor 类的 isTouching() 方法来判断蛇头是否碰到了蛇身。只要这两个条件其中之一成立，则游戏停止运行并显示结束文字。

改进后的 Snake 类代码如下（粗体字部分表示新添加的代码）：

```
/**
 *  贪食蛇类，用来控制蛇头移动，获取食物，并对蛇身进行管理
 */
public class Snake extends Actor {
    private Body[] body;                               //body 数组用来保存蛇身
    private static final int MAXLENTH = 20;            // 蛇身最大长度
    private int head;                                  // 蛇头指针
    private int tail;                                  // 蛇尾指针
    private int length;                                // 蛇身长度
    private int speed;                                 // 蛇头移动速度
    private int direction;                             // 蛇头移动方向
    public static final int SOUTH = 0;                 // 该常量代表向下移动
    public static final int NORTH = 1;                 // 该常量代表向上移动
```

```java
    public static final int EAST = 2;                              // 该常量代表向右移动
    public static final int WEST = 3;                              // 该常量代表向左移动

    // 构造方法，初始化基本字段值
    public Snake() {
        body = new Body[MAXLENTH];
        head = -1;
        tail = -1;
        length = 1;
        speed = getImage().getAwtImage().getWidth() + 2;
    }

    // 处理游戏逻辑
    public void act() {
        checkKeydown();
        move();
        updateBody();
        checkFood();
        checkGameOver();
    }

    // 检查是否获取食物
    public void checkFood() {
        // 若蛇头碰到食物，且蛇身未达到长度上限，则
        if (isTouching(Food.class) && length < MAXLENTH) {
            length++;                                              // 蛇身长度加 1
        }
    }

    // 更新贪食蛇身体
    public void updateBody() {
        head = (head + 1) % body.length;                           // 调整蛇头指针
        tail = (head + body.length - length + 1) % body.length;    // 调整蛇尾指针
        body[head] = new Body(getX(), getY());                     // 保存蛇头位置

        // 更新蛇身，根据蛇身各部分的位置重新添加至游戏场景
        if (length > 1) {
            World w=getWorld();
            int i = tail;
            w.removeObjects(w.getObjects(Body.class));
            while (i != head) {
                w.addObject(body[i], body[i].getLocX(), body[i].getLocY());
                i = (i + 1) % body.length;
            }
        }
    }
```

```
// 控制蛇头朝不同方向移动
public void move(){
    switch (direction) {
        case SOUTH:
        setLocation(getX(), getY() + speed);
        break;
        case NORTH:
        setLocation(getX(), getY() - speed);
        break;
        case EAST:
        setLocation(getX() + speed, getY());
        break;
        case WEST:
        setLocation(getX() - speed, getY());
        break;
    }
}


// 检查游戏是否结束
public void checkGameOver() {
    if (isAtEdge() || isTouching(Body.class)) { // 若蛇头碰到窗口边界或蛇身，则
        getWorld().showText("Game Over! ", 300, 200);      // 显示游戏结束的文字
        Greenfoot.stop();                                  // 游戏停止
    }
}


// 检测键盘按键事件，若按下方向键，则分别控制贪食蛇朝相应方向移动
public void checkKeydown() {
    if (Greenfoot.isKeyDown("up") && direction != SOUTH) {
        direction = NORTH;
    }
    else if (Greenfoot.isKeyDown("down") && direction != NORTH) {
        direction = SOUTH;
    }
    else if (Greenfoot.isKeyDown("left") && direction != EAST) {
        direction = WEST;
    }
    else if (Greenfoot.isKeyDown("right") && direction != WEST) {
        direction = EAST;
    }
}
}
```

至此实现了贪食蛇游戏的主要功能。编译并运行项目"snake3"，观察游戏效果，如图 7.3 所示。

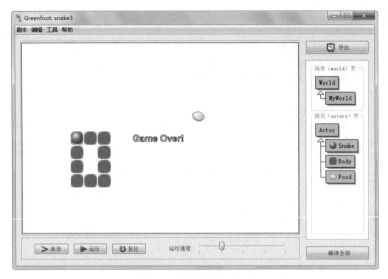

图 7.3　游戏结束画面

7.2.5　消除蛇身长度的限制

在目前的游戏中，贪食蛇的身体是有长度限制的。因为这里采用的是数组来存放蛇身小球对象，而数组在初始化的时候必须指定大小，所以实际上数组的长度便是蛇身长度的上限。若要让贪食蛇的身体长度不受限制，需要改变数据结构，不使用数组而使用列表（ArrayList）来存放贪食蛇的身体。ArrayList 相当于动态数组，能够自动增长。于是每当贪食蛇吃到食物，便可以生成新的蛇身小球，同时加入到蛇身的列表中，从而让贪食蛇的身体不断延长。下面介绍如何用列表来保存贪食蛇的身体。

首先为 Snake 类定义如下字段：

```java
private ArrayList<Body> body = new ArrayList<Body>();  //body 列表用来保存蛇身
```

接下来修改 updateBody() 方法，将其替换为如下代码：

```java
// 更新贪食蛇身体
public void updateBody() {
    if (length > 1) {
        if(body.size() == length) {          // 若贪食蛇没有吃到食物
            body.remove(0);                  // 从蛇身列表中移除蛇尾对应的 body 对象
        }
        World w = getWorld();
        w.removeObjects(w.getObjects(Body.class));      // 将蛇身从游戏场景中移除
        for (Body b:body) {                  // 根据蛇身各部分的位置重新添加至游戏场景
            w.addObject(b, b.getLocX(), b.getLocY());
```

```
        }
        body.add(new Body(getX(), getY()));       // 生成新的蛇身对象并加入蛇身列表
    }
}
```

在上述代码中，首先调用蛇身列表 body 的 remove() 方法移除蛇身的最后一个小球（即蛇尾的小球），然后将 body 中存放的其他蛇身小球重新添加到游戏场景中，最后调用 add() 方法把当前的蛇头小球加入到 body 中。需要注意的是，在移除蛇尾小球时需要调用 size() 方法来判断 body 中的对象个数是否和蛇身长度相同，若不同，则说明贪食蛇吃到食物而加长了身体，此时便不能移除蛇尾的小球。

编译并运行项目 "snake4" 来观察游戏效果，可以发现贪食蛇身体已经消除了长度限制，除非游戏结束，否则其身体可以无限延长。

7.3 游戏扩展练习

可以进一步对贪食蛇游戏进行扩展，以下提供几个改进思路供读者参考。

（1）为游戏添加声音效果。本游戏目前没有任何音效，读者可以考虑加入一些声音，例如当贪食蛇吃到食物时，或是游戏结束时播放音效。可以在网上寻找音效资源或是自己录音，然后将声音文件复制到项目文件夹的 "sounds" 子目录中，在游戏中需要播放声音时直接调用 Greenfoot 类的 playSound() 方法即可。

（2）替换贪食蛇的图像。本游戏中贪食蛇的图像十分简单，只是用两种颜色的小球分别表示蛇头和蛇身。读者可以用更加精美的图像表示贪食蛇，从而让贪食蛇的形象显得更加生动。如图 7.4 所示，将贪食蛇的蛇头、蛇身和蛇尾分别用不同的图像表示。需要注意的是，由于贪食蛇各部分的图像不再像小球那样是中心对称的，因此当贪食蛇朝不同方向移动时，其身体各部分的图像也要根据移动方向进行旋转，从而使图像的朝向与移动方向一致。

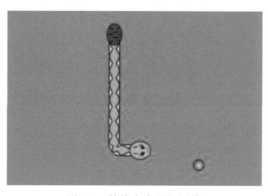

图 7.4　替换贪食蛇的图像

（3）设置不同类别的食物。为了让游戏更加丰富有趣，可以改变一下游戏规则。可以设置不同类别的食物，当贪食蛇吃到不同食物时会出现不同的效果，而不仅仅是加长身体。例如吃到某种食物可以让身体长度缩短，或是改变身体颜色，等等。此外，也可以让游戏场景中同时出现多个食物，让玩家对食物进行选择。

（4）再添加一条贪食蛇。本章介绍的游戏只有一条贪食蛇，也只能让一个玩家进行游戏。但独乐乐不如众乐乐，可以考虑再加入一条贪食蛇，让另一个玩家进行操作，从而将单人游戏变为双人游戏。但是加入新的贪食蛇后需要考虑的问题也增加了，例如如何表示不同的贪食蛇形象？如何让两个玩家分别操作两条不同的蛇？当两条蛇碰在一起时如何处理？诸如此类问题需要仔细考虑，然后设计相应的代码去实现。

总之，读者可以充分发挥自己的想象力去设置新颖而有趣的游戏规则，自由地创造属于自己的游戏世界。游戏设计的最大乐趣莫过于此。

第8章

打砖块游戏

"打砖块"游戏是一款历史悠久的经典游戏，其主要游戏规则是由玩家控制屏幕下方的一块挡板左右移动，将落下的小球反弹回去，让小球去敲击屏幕上方的砖块，当所有砖块都被敲掉后游戏结束。游戏运行界面如图 8.1 所示。

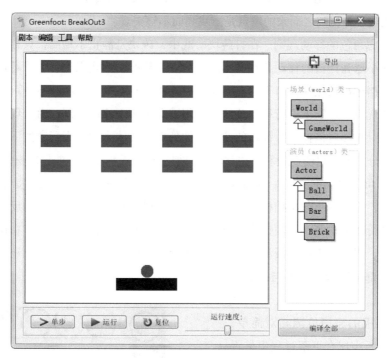

图 8.1　打砖块游戏运行界面

8.1　游戏整体设计

首先考虑程序的结构。打砖块游戏的主要角色有三个：砖块、挡板和小球，按照面向对象的程序设计思想，为每个角色设计一个类进行描述，于是游戏中主要的类可定义如下。

（1）游戏场景类（GameWorld）：提供游戏的运行场景，在其中加入挡板、砖块以及小球的对象。

（2）挡板类（Bar）：作为挡板的表示，用来设置挡板的属性，并对其运动逻辑进行更新，同时对其图形进行绘制。

（3）砖块类（Brick）：作为砖块的表示，用来设置砖块的属性，并对其运动逻辑进行更新，同时对其图形进行绘制。

（4）小球类（Ball）：作为小球的表示，用来设置小球的属性，并对其运动逻辑进行更新，同时对其图形进行绘制。

然后需要考虑角色的外观形象。由于打砖块游戏中的角色比较简单，因此可以直接用几何图形进行表示，例如小球用圆形表示，砖块和挡板用矩形表示。可以调用 Greenfoot API 中的绘图方法来实现，而无须为游戏准备图片资源。由于无须加载图片文件，其优点是游戏程序的体积会比较小，但随之而来的缺点是游戏画面不够美观。

接下来考虑角色的移动规则。在打砖块游戏中，砖块是静止不动的，只有小球和挡板能够移动。然而小球和挡板的移动又具有不同的特点：从移动形式来说，小球可在程序窗口中四处移动，而挡板却只能在窗口下方左右移动；从移动控制来说，小球不受玩家控制自主移动，而挡板在玩家的控制下进行移动。这里采用键盘来实现移动控制，由于玩家只能控制挡板移动，因此只需要对挡板进行键盘的按键事件处理。具体来说，当玩家按下键盘左、右方向键时，挡板分别向窗口的左边和右边移动，但须注意挡板移动时不能超出窗口的边界。

最后考虑角色之间的交互。打砖块游戏中三个角色之间的交互实质上是个碰撞检测问题，具体来说，需要对小球与挡板间进行碰撞检测，以实现小球在挡板上的反弹；还需要对小球与砖块进行碰撞检测，以便让小球能够敲掉砖块，同时进行反弹。由于在这个游戏中用圆形表示小球，用矩形表示挡板和砖块，因此无论是小球与挡板的碰撞检测还是小球与砖块的碰撞检测，都可以看作圆形与矩形的碰撞检测问题。

小球与挡板的碰撞检测相对简单，因为只需要判断小球在下落过程中是否碰撞到挡板的上边沿，而小球与砖块的碰撞检测则较为复杂，因为砖块的 4 个边沿都可能与小球发生碰撞，所以需要对不同方向的碰撞分别进行判断和处理。小球与砖块的碰撞检测可以使用边界检测法，其原理如图 8.2 所示。

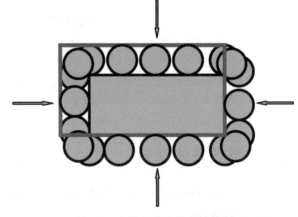

图 8.2　小球与砖块的碰撞检测

从图 8.2 中不难看到，不论小球从哪个方向运动过来，只要小球的坐标位于红色矩形框所标示的区域内即可判定小球与砖块发生了碰撞。

如果小球与砖块发生了碰撞，还要对其进行碰撞处理。由于小球在碰到砖块后会发生反弹，而小球从不同的位置碰到砖块其反弹的方向也势必不同，因此要分几种情况分别讨论。图 8.3 显示了小球反弹情况的处理。

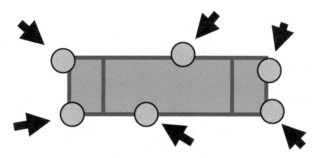

图 8.3　小球碰到砖块后的反弹处理

如图 8.3 所示，可以将砖块划分为 3 个区域，根据碰撞发生区域的不同，需要对小球的水平速度值 dx 和垂直速度值 dy 做相应的处理。

（1）当碰撞发生在中间区域：dy 变为相反数，dx 不变；

（2）当碰撞发生在左侧区域：若来球方向为左边（dx>0），dx 变为相反数，dy 不变；否则，dy 变为相反数，dx 不变；

（3）当碰撞发生在右侧区域：若来球方向为右边（dx<0），dx 变为相反数，dy 不变；否则，dy 变为相反数，dx 不变。

8.2　游戏程序实现

下面为打砖块游戏编写程序代码，仍然采用基于原型、迭代增加的设计方法进行。即将游戏程序的编写分解为小的任务，每个任务实现一些游戏功能，而且每个任务都在上一任务的基础上添加新的功能，从而逐步完成游戏的全部功能。可以将打砖块游戏的实现分解为如下几个任务。

（1）小球弹跳。创建 GameWorld 类，并创建 Ball 类，实现小球在窗口四周的弹跳。

（2）小球与挡板交互。创建 Bar 类，控制挡板左右移动，让小球碰到挡板后反弹。

（3）敲击砖块。创建 Brick 类，实现砖块自动布局，实现小球与砖块的交互。

（4）完善游戏规则。完善游戏开始和结束规则，并能显示游戏积分。

8.2.1 小球弹跳

创建新的项目，并分别建立 World 类的子类 GameWorld 以及 Actor 类的子类 Ball，前者用来提供游戏的运行场景，后者表示小球类。接着为小球类编写如下代码：

```java
/**
 * 小球类，用来与挡板和砖块交互
 */
public class Ball extends Actor {
    private static final int defaultRadius = 10;      // 小球半径预设值
    private static final Color color = Color.YELLOW;  // 小球颜色为黄色
    private int radius;                               // 小球半径
    private int speedX;                               // 水平方向速度
    private int speedY;                               // 垂直方向速度

    // 初始化小球对象
    public Ball() {
        radius = defaultRadius;
        speedX = 2;
        speedY = 3;
        drawImage();
    }

    // 绘制小球图像
    public void drawImage() {
        GreenfootImage image = new GreenfootImage(radius * 2 + 1, radius * 2 + 1);
        image.setColor(color);
        image.fillOval(0, 0, image.getWidth(), image.getHeight());
        setImage(image);
    }

    // 执行小球的游戏逻辑更新，游戏每帧调用一次
    public void act() {
        move();
        checkHitWorldEdge();
    }

    // 根据水平及垂直速度进行移动
    private void move() {
        setLocation(getX() + speedX, getY() + speedY);
    }

    // 小球与窗口边界的碰撞检测及处理
    private void checkHitWorldEdge() {
        World space = getWorld();
```

```
            if (getX() - radius < 0 || getX() + radius >= space.getWidth()) { // 碰到左右边界
                speedX = -speedX;                              // 水平反弹
            }
            if (getY() - radius < 0 || getY() + radius >= space.getHeight()) {// 碰到上下边界
                speedY = -speedY;                              // 垂直反弹
            }
        }
    }
```

以上代码为小球定义了基本的字段，如大小、颜色和移动速度等，并且在构造方法中对各字段进行初始化。接着定义 drawImage() 方法来设置小球的图像，该方法通过调用 GreenfootImage 对象的 fillOval() 方法来绘制圆形，以此作为小球角色的图像。此外还定义了 move() 方法和 checkHitWorldEdge() 方法，前者用于对小球进行移动，后者用来实现小球在窗口边界的反弹。

在 checkHitWorldEdge() 方法中，分两种情况分别处理：若小球在移动时碰到游戏窗口左边界或右边界，则让其水平速度值 speedX 变为相反数，以表示水平方向的反向运动；若小球碰到窗口上边界或下边界，则让其垂直速度值 speedY 变为相反数，以表示垂直方向的反向运动。

接下来需要生成小球对象并加入游戏场景中，于是为 GameWorld 类编写如下代码：

```
/**
 * 游戏场景类，为游戏提供运行的场景
 */
public class GameWorld extends World {
    // 构造方法，初始化游戏场景
    public GameWorld() {
        super(400, 400, 1);           // 建立 400×400 网格的新场景，网格大小为 1 像素
        Ball ball = new Ball();
        addObject(ball, 200, 200);    // 添加小球角色
    }
}
```

编译并运行项目“BreakOut1”，观察小球弹跳的游戏效果。

8.2.2　小球与挡板交互

1. 在场景中加入挡板

接下来需要在游戏中加入挡板角色，使其能够将小球反弹回去。为此定义了 Bar 类用来描述挡板，代码如下：

```java
/**
 * 挡板类,用来反弹小球
 */
public class Bar extends Actor {
    private static final int width = 100;          // 挡板的宽度
    private static final int height = 20;          // 挡板的高度
    private static final Color color = Color.black; // 挡板的颜色
    private final static int speed = 5;            // 挡板移动速度

    // 初始化挡板,生成挡板的图像
    public Bar() {
        GreenfootImage image = new GreenfootImage(width, height);
        image.setColor(color);
        image.fill();
        setImage(image);
    }

    // 执行挡板对象的游戏逻辑更新,游戏每帧调用一次
    public void act() {
        checkKeys();
    }

    // 获取挡板的高度
    public int getHeight() {
        return height;
    }

    // 处理键盘按键事件
    public void checkKeys() {
        if (Greenfoot.isKeyDown("left")) {              // 按下左键,挡板向左移动
            int newX = getX() - speed;
            if (newX - width / 2 < 0) {                 // 若挡板超出窗口左边界
                newX = width / 2 ;                      // 让挡板停在窗口左边界
            }
            setLocation(newX, getY());
        }
        if (Greenfoot.isKeyDown("right")) {             // 按下右键,挡板向右移动
            World space = getWorld();
            int newX = getX() + speed;
            if (newX + width / 2 >= space.getWidth()) {  // 若挡板超出窗口右边界
                newX = space.getWidth() - width / 2 ;    // 让挡板停在窗口右边界
            }
            setLocation(newX, getY());
        }
        if (Greenfoot.isKeyDown("space")) {             // 按下空格键,发射小球
            GameWorld.canBallMove = true;
        }
    }
}
```

上述代码为挡板类定义了基本的字段和方法。与小球类似，可以直接调用 GreenfootImage 的绘图方法来设置挡板的图像。在构造方法中，根据挡板的宽和高定义一个 GreenfootImage 对象 image，然后调用 setColor() 方法将其设为黑色，并调用 fill() 方法对其进行填充，最后将 image 对象设为挡板的图像。于是挡板呈现出来的图像便是一个黑色的矩形。

挡板类的另一个重要方法是 checkKeys() 方法，它用来检测玩家的键盘按键事件，并操作挡板进行移动。当检测到键盘的左、右方向键的按键事件时，相应地减少或增加挡板的水平坐标值，以使其分别朝左、右方向移动。需要注意的是，在挡板移动过程中要防止其越过游戏窗口的边界，因此需要在程序中加以判断：若是发现挡板的位置超出了窗口的左边界或右边界，则需要相应地让挡板停留在窗口的左边界或右边界处。

由于游戏初始时小球是停留在挡板上的，因此需要另外设置一个按键来让小球启动。于是在 checkKeys() 方法中加入了空格键的按键事件处理，当玩家按下空格键时让小球从挡板上发射出去。相应地，在 GameWorld 类中定义了一个静态字段 canBallMove 用来控制小球的运动，其值为 true 时小球才能移动，否则只能停留在挡板上。下面是改进后的 GameWorld 类的代码（粗体字部分为新添加的代码）：

```
/**
 * 游戏场景类，为游戏提供运行的场景
 */
public class GameWorld extends World {
    public static boolean canBallMove;                          // 小球移动标记

    // 构造方法，初始化游戏场景
    public GameWorld() {
        super(400, 400, 1);        // 建立400×400网格的新场景，网格大小为1像素
        canBallMove = false;       // 初始时小球静止不动
        Bar bar = new Bar();
        addObject(bar, getWidth() / 2, getHeight() - 30);       // 添加挡板角色
        Ball ball = new Ball();
        addObject(ball, bar.getX(), bar.getY() - bar.getHeight() - 2); // 添加小球角色
    }
}
```

上述代码中调用了 World 类的 addObject() 方法来添加挡板和小球。注意，应该首先添加挡板，然后再添加小球。由于小球需要停留在挡板之上，因此需要根据挡板的坐标来设置小球坐标。程序将挡板的位置设置在窗口下方的正中央，然后将小球设置在挡板的正上方，如图 8.4 所示。

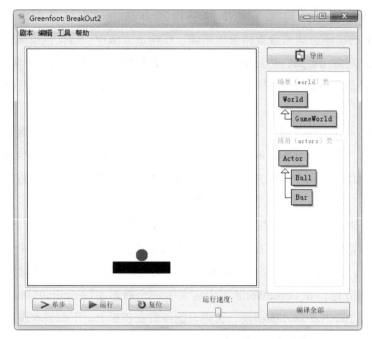

图 8.4　添加挡板后的运行界面

2. 小球与挡板交互

接下来要对小球类 Ball 进行修改，使其能够与挡板进行交互。具体来说，小球在下落过程中碰到挡板能够发生反弹，这需要对小球与挡板进行碰撞检测。需要注意的是，碰撞检测的频率不能过快，否则有可能出现小球在挡板内部连续反弹的 Bug 现象，如图 8.5 所示。为此，在小球类中定义字段 delay，用来对小球与挡板的碰撞检测进行延迟。同时还定义了 checkHitBar() 方法，用来实现小球与挡板的碰撞检测及处理。

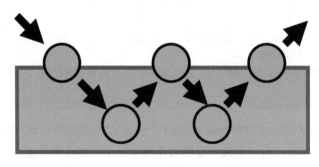

图 8.5　小球在挡板内连续反弹

下面是改进后的小球类的代码（粗体字部分为新添加的代码）：

```java
/**
 * 小球类，用来与挡板和砖块交互
 */
public class Ball extends Actor {
    private static final int defaultRadius = 10;         // 小球半径预设值
    private static final Color color = Color.YELLOW;     // 小球颜色为黄色
    private int radius;                                  // 小球半径
    private int speedX;                                  // 水平方向速度
    private int speedY;                                  // 垂直方向速度
    private int delay;                              // 延迟变量，防止小球在挡板内连续反弹

    // 初始化小球对象
    public Ball() {
        radius = defaultRadius;
        speedX = 2;
        speedY = 3;
        delay=0;
        drawImage();
    }

    // 绘制小球图像
    public void drawImage() {
        GreenfootImage image = new GreenfootImage(radius * 2 + 1, radius * 2 + 1);
        image.setColor(color);
        image.fillOval(0, 0, image.getWidth(), image.getHeight());
        setImage(image);
    }

    // 执行小球的游戏逻辑更新，游戏每帧调用一次
    public void act() {
        if (GameWorld.canBallMove) {        // 若小球处于移动状态，让其在屏幕四周移动
            move();
            checkHitWorldEdge();
            checkHitBar();
        }
        else{                               // 若小球处于非移动状态，则将其置于挡板的中央
            Bar bar = (Bar)(getWorld().getObjects(Bar.class).get(0));
            setLocation(bar.getX(), bar.getY() - bar.getHeight() - 2);
        }
    }

    // 根据水平及垂直速度进行移动
    private void move() {
        setLocation(getX() + speedX, getY() + speedY);
    }

    // 小球与窗口边界的碰撞检测及处理
    private void checkHitWorldEdge() {
        World space = getWorld();
        if (getX() - radius < 0 || getX() + radius >= space.getWidth()) {
```

```
            speedX = -speedX;
        }
        if (getY() - radius < 0 || getY() + radius >= space.getHeight()) {
            speedY = -speedY;
        }
    }

    // 小球与挡板的碰撞检测及处理
    private void checkHitBar() {
        Actor bar = getOneIntersectingObject(Bar.class);
        if (bar != null && delay <= 0) {
            if (getY() < bar.getY()) {
                speedY = -speedY;
            }
            delay = 20;
        }
        delay--;
    }
}
```

上述代码中为 delay 设置的初始值为 0，当 checkHitBar() 方法中检测到小球与挡板碰撞后会将 delay 的值设为 20，并在此后每次执行 checkHitBar() 方法时将其值减 1。只有当 delay 的值减为 0 时才会对小球进行反弹处理，这就避免了小球与挡板的碰撞检测过于频繁，从而防止小球在挡板内的连续反弹。这里采用了游戏设计中的一个小技巧，即通过对延迟变量值的改变与判定来限制某些操作的频率。在这里的问题中，delay 的作用相当于一个延时变量，通过对 delay 值的改变与判定。可以限制碰撞检测的频率。

编译并运行项目 "BreakOut2"，按下空格键发射小球，并左右移动挡板来观察小球与挡板的交互效果。

8.2.3 敲击砖块

接下来为游戏添加砖块，并实现小球敲击砖块的效果。主要包含两方面工作：一是自动生成一组砖块，并将其均匀地添加到游戏场景中；二是对砖块与小球进行碰撞检测和处理，当小球与砖块碰撞后让砖块消失。

1. 在场景中添加砖块

首先定义 Brick 类用来表示砖块，代码如下：

```
/**
 * 砖块类，用来供小球敲击
 */
public class Brick extends Actor {
    public static final int width = 50;                    // 砖块的宽度
```

```
    public static final int height = 20;              // 砖块的高度
    private static final Color color = Color.RED;    // 砖块的颜色

    // 构造方法，初始化砖块对象
    public Brick() {
        GreenfootImage image = new GreenfootImage(width, height);  // 生成图像对象
        image.setColor(color);                        // 设置图像颜色
        image.fill();                                 // 用设置好的颜色填充图像
        setImage(image);                              // 将填充后的图像设置为砖块的图像
    }

    // 获取砖块的水平半径
    public int getRadiusX() {
        return width / 2;
    }

    // 获取砖块的垂直半径
    public int getRadiusY() {
        return height / 2;
    }
}
```

以上代码为砖块设置了大小及颜色等基本字段，然后在构造方法中为其设置图像。与挡板类似，采用红色矩形表示砖块的图像。此外，还定义了 getRadiusX() 和 getRadiusY() 方法，分别用来获取砖块的水平半径和垂直半径，这在稍后与小球的碰撞检测中需要使用。

接下来修改 GameWorld 类，用来生成和添加砖块。为了让砖块在游戏场景中均匀排列，新增设一个字段 allocation 用来表示所有砖块在游戏场景中的分布，定义如下：

```
    private Point allocation;                         // 砖块布局
```

该字段是 Point 类型的，包含 x 和 y 两个分量，分别表示水平和垂直方向上的砖块数量。随后定义方法 addBricks() 用来添加砖块，该方法会根据 allocation 中定义的砖块布局来生成相应数量的砖块，并将其自动地添加到窗口中的合适位置，使得所有砖块间隔均匀地排列到窗口上方。修改后的 GameWorld 类的代码如下所示（粗体字部分表示新添加的代码）：

```
/**
 * 游戏场景类，为游戏提供运行的场景
 */
public class GameWorld extends World {
    private Point allocation;                         // 砖块布局
    public static boolean canBallMove;                // 小球移动标记

    // 构造方法，初始化游戏场景
    public GameWorld() {
        super(400, 400, 1);                           // 建立 400×400 网格的新场景，网格大小为 1 像素
        canBallMove = false;                          // 初始时小球静止不动
```

```
        allocation = new Point(4, 5);        // 初始时砖块布局为 5×4 的阵列
        addBricks();                          // 为游戏添加砖块角色
        Bar bar = new Bar();
        addObject(bar, getWidth() / 2, getHeight() - 30);          // 添加挡板角色
        Ball ball = new Ball();
        addObject(ball, bar.getX(), bar.getY() - bar.getHeight() - 2);  // 添加小球角色
    }

    // 根据砖块布局依次将每个砖块加入游戏场景
    public void addBricks() {
        for (int i = 0; i < allocation.y; i++) {
            for (int j = 0; j < allocation.x; j++) {
                int x = getWidth() / allocation.x / 2 + j * (getWidth() / allocation.x);
                int y = (i * 2 + 1) * Brick.height;
                addObject(new Brick(), x , y);
            }
        }
    }
}
```

2. 检测小球与砖块的碰撞

最后修改小球类 Ball，为其添加与砖块进行碰撞检测的代码。之前对小球与砖块的碰撞检测原理进行过分析，结论是需要将砖块划分为三个区域分别检测。但是为了简化程序，这里采用另一种思路来解决碰撞问题，即针对小球与砖块发生碰撞的不同位置分别进行检测和处理。具体来说，可以考虑小球与砖块发生碰撞的三种情况：一是小球碰到了砖块的上边沿或下边沿；二是小球碰到了砖块的左边沿或右边沿；三是小球碰到了砖块的四个角。于是可以针对以上三种情况分别进行碰撞检测和处理。

为了掌握小球与砖块发生碰撞的位置，分别定义了 isTouchedFromUpBottom()、isTouchedFromLeftRight() 和 isTouchedCorner() 方法进行判断。isTouchedFromUpBottom() 方法的代码如下：

```
// 检测是否从上、下两个方向碰撞到砖块
private boolean isTouchedFromUpBottom(Brick rect) {
    if ( Math.abs(rect.getY() - getY()) <= rect.getRadiusY() + radius
      && Math.abs(rect.getX() - getX()) <= rect.getRadiusX()) {
        return true;
    }
    return false;
}
```

该方法分别比较小球与砖块的垂直距离与水平距离，若它们的垂直距离小于砖块的垂直半径与小球的半径之和，并且水平距离小于砖块的水平半径，则返回 true，即判断小球碰到了砖块的上边沿或下边沿。isTouchedFromLeftRight() 方法的代码如下：

```
// 检测是否从左、右两个方向碰撞到砖块
private boolean isTouchedFromLeftRight(Brick rect) {
    if ( Math.abs(rect.getX() - getX()) <= rect.getRadiusX() + radius
        && Math.abs(rect.getY() - getY()) <= rect.getRadiusY()) {
        return true;
    }
    return false;
}
```

该方法分别比较小球与砖块的水平距离与垂直距离，若它们的水平距离小于砖块的水平半径与小球的半径之和，并且垂直距离小于砖块的垂直半径，则返回 true，即判断小球碰到了砖块的左边沿或右边沿。isTouchedCorner () 方法的代码如下：

```
// 检测是否从四个边角碰撞到砖块
private boolean isTouchedCorner(Brick rect) {
    int cornerX = -1, cornerY = -1, dX = 0, dY = 0;
    // 检测左上角
    cornerX = rect.getX() - rect.getRadiusX();
    dX = getX() - cornerX;
    cornerY = rect.getY() - rect.getRadiusY();
    dY = getY() - cornerY;
    if (dX < 0 && dY < 0 && dX * dX + dY * dY <= radius * radius) {
        return true;
    }
    // 检测右上角
    cornerX = rect.getX() + rect.getRadiusX();
    dX = getX() - cornerX;
    cornerY = rect.getY() - rect.getRadiusY();
    dY = getY() - cornerY;
    if (dX > 0 && dY < 0 && dX * dX + dY * dY <= radius * radius) {
        return true;
    }
    // 检测左下角
    cornerX = rect.getX() - rect.getRadiusX();
    dX = getX() - cornerX;
    cornerY = rect.getY() + rect.getRadiusY();
    dY = getY() - cornerY;
    if (dX < 0 && dY > 0 && dX * dX + dY * dY <= radius * radius) {
        return true;
    }
    // 检测右下角
    cornerX = rect.getX() + rect.getRadiusX();
    dX = getX() - cornerX;
    cornerY = rect.getY() + rect.getRadiusY();
    dY = getY() - cornerY;
    if (dX > 0 && dY > 0 && dX * dX + dY * dY <= radius * radius) {
        return true;
    }
    return false;
}
```

该方法首先定义了两个变量 cornerX 和 cornerY 来保存砖块某个角落的坐标，并定义了 dX 和 dY 变量来保存小球中心与砖块角落的距离。接下来分别对 4 个角落进行检测，若小球中心与砖块某个角落的距离小于小球半径，则判定小球与该角落发生了碰撞，并返回 true。

最后定义了 checkHitBrick() 方法来实现小球与砖块的碰撞检测及处理。该方法首先判断小球与砖块的碰撞属于哪种情况，然后采取相应的处理措施，让小球朝着合理的方向反弹。checkHitBrick() 方法的代码如下：

```
// 小球与砖块的碰撞检测及处理
private void checkHitBrick() {
    GameWorld space = (GameWorld) getWorld();
    List<Brick> bricks = space.getObjects(Brick.class);
    for (Brick brick : bricks) {
        if (isTouchedFromUpBottom(brick)) {          // 若碰到砖块的上、下边沿
            speedY = -speedY;                          // 垂直反弹
            space.removeObject(brick);
        } else if (isTouchedFromLeftRight(brick)) {   // 若碰到砖块的左、右边沿
            speedX = -speedX;                          // 水平反弹
            space.removeObject(brick);
        } else if (isTouchedCorner(brick)) {          // 若碰到砖块的 4 个角
            speedX = -speedX;                          // 水平反弹
            speedY = -speedY;                          // 垂直反弹
            space.removeObject(brick);
        }
    }
}
```

在 checkHitBrick() 方法中按如下规则对碰撞进行处理：若是检测到小球碰到砖块的上、下边沿，则将垂直速度设为相反数，让小球在垂直方向进行反弹；若碰到了砖块的左、右边沿，则将水平速度设为相反数，让小球在水平方向进行反弹；若碰到了砖块的 4 个角，则将水平和垂直速度都设为相反数，让小球在水平和垂直方向同时反弹。需要注意的是，无论是检测到哪个方向的碰撞，都需要将碰到的砖块从游戏场景中移除，表示砖块被小球敲掉了。

编译并运行项目"BreakOut3"，可以看到如图 8.1 所示的游戏运行界面。发射小球并控制挡板移动，观察小球与砖块的碰撞效果。

8.2.4 完善游戏规则

至此已经实现了打砖块游戏的主要功能，但是游戏规则还不完善，最主要的问题是游戏无法结束。在完整的打砖块游戏中，游戏的结束规则是这样设定的：当玩家控制的挡板没能接住下落的小球时游戏结束，或者当小球将屏幕中所有砖块敲掉时游戏结束。而本章介绍的游戏目前并没有实现上述规则，无论挡板是否接住小球，也无论砖块是否全部被敲掉，小球

只是不断地在屏幕四周弹跳，游戏永远不会停止。

除了要实现游戏的结束规则，还要在游戏中加入计分功能，每当小球敲掉砖块时便增加分数值，并且即时地将分数显示在屏幕上。此外，当游戏结束时，窗口中央会显示一个计分板，其中包含游戏结束的文字提示和最终的分数值。

1. 实现结束规则

接下来为打砖块游戏实现结束规则，并且加入计分功能。由于有两种情况都可能导致游戏结束，因此需要分别进行处理。首先处理挡板没有接住小球的情形，这只需要判断小球是否超出了游戏窗口的下边沿，若是则说明挡板没能接住小球。在目前的游戏中，小球碰到窗口下边沿后仍然可以反弹，需要对此进行修改。具体来说，需要将小球类的 checkHitWorld-Edge() 方法修改为如下语句（粗体字部分表示新添加的代码）：

```java
// 小球与窗口边界的碰撞检测及处理
private void checkHitWorldEdge() {
    World space = getWorld();
    if (getX() - radius < 0 || getX() + radius >= space.getWidth()) {
        speedX = -speedX;
    }
    if (getY() - radius < 0) {
        speedY = -speedY;
    }
    if (getY() > space.getHeight()) {               // 若小球超出窗口下边界
        live--;                                      // 生命值减 1
        GameWorld.canBallMove = false;               // 停止小球的移动
    }
}
```

在上述代码中，若检测到小球的垂直坐标大于窗口坐标的高度，则判定为挡板没有接住小球。此时要将 GameWorld 类的 canBallMove 字段设置为 false，表示小球不能继续移动。此外，为了增加玩家的游戏机会，为小球类定义一个字段 live 来表示游戏中的生命值，每当小球掉落到窗口下方时生命值减 1，当生命值减为零时游戏结束。这样做的好处是可以降低游戏的难度，以避免玩家一次的操作失误而让整个游戏结束。于是当小球掉落到窗口下方而生命值不为零时，小球会重新回到挡板上，玩家可以按空格键发射小球继续游戏。

导致游戏结束的另一种可能是小球将窗口中所有的砖块都敲掉了，而对此进行判断比较简单，只需要检查游戏场景中是否存在砖块即可。在小球类中加入 checkGameOver() 方法来实现游戏的结束规则，代码如下：

```java
// 检测游戏是否结束
private void checkGameOver() {
    GameWorld space = (GameWorld) getWorld();
```

```
        if (live == 0 || space.getObjects(Brick.class).size() == 0) {
            space.gameOver();
        }
    }
```

上述代码调用 World 类的 getObjects() 方法来获取砖块对象的列表，并判断该列表中的元素个数，若其值为零，则表示游戏场景中的砖块都被敲掉了，游戏需要结束。同时程序也对 live 的值进行判断，若该值为零时游戏也要结束。当判定为游戏结束时，程序会调用GameWorld 类中定义的 gameOver() 方法来显示计分板，代码如下：

```
// 游戏结束时的操作
public void gameOver() {
    addObject(new ScoreBoard(score.getScore()), getWidth() / 2, getHeight() / 2);
    Greenfoot.stop();
}
```

该方法首先在游戏窗口中央添加一个计分板对象以显示游戏分数，然后停止游戏运行。接下来讨论如何实现计分功能。

2. 实现游戏的计分功能

这里定义了分数类 Score 以统计并显示分数，代码如下：

```
/**
 * 分数类，用来执行计分操作
 */
public class Score extends Actor {
    private final static int fontSize = 14;              // 分数字体大小
    private final static Color fgColor = Color.blue;     // 分数文字为蓝色
    private static final Color transparent = new Color(255, 255, 255, 0);
                                                         // 背景为透明色
    private int score = 0;                               // 初始分数值为零

    // 分数对象加入游戏场景后便显示分数
    public void addedToWorld(World world) {
        drawScore(world, score);
    }

    // 显示分数。生成分数的图像，并显示在窗口的适当位置
    public void drawScore(World world, int score) {
        GreenfootImage image = new GreenfootImage("分数: " + score, fontSize, fgColor,
transparent);
        setImage(image);
        int x = 5 + image.getWidth() / 2;
        int y = world.getHeight() - 5 - image.getHeight() / 2;
        setLocation(x, y);
    }
```

```
// 增加分数。调用一次分数值加 1，并重新显示分数图像
public void increase() {
    score++;
    drawScore(getWorld(), score);
}

// 获取当前分数
public int getScore() {
    return score;
}
}
```

从上述代码可以看到，分数类包含一个重要字段 score 以及两个主要方法 drawScore()
方法和 increase() 方法。字段 score 用来保存游戏分数，而 drawScore() 方法和 increase() 方
法分别用来显示分数值和增加分数值。具体来说，drawScore() 方法将 score 的值绘制在一个
GreenfootImage 对象中，然后将分数显示在游戏窗口左下方的位置。而 increase() 方法首先将
score 的值加 1，然后调用 drawScore() 方法将更新后的 score 值显示出来。我们希望小球敲掉
砖块后分数值会增加，因此每当检测到小球与砖块发生碰撞时便需要调用 increase() 方法。

最后定义计分板类 ScoreBoard 以显示游戏结束时的文字提示以及最终的分数值。代码
如下：

```
/**
 * 计分板类，用来游戏结束后显示总分数
 */
public class ScoreBoard extends Actor {
    private static final Color backgroundColor = Color.pink;   // 计分板背景颜色为粉红色
    private static final Color transparent = new Color(255, 255, 255, 0);
                                                               // 分数背景为透明

    // 初始化计分板对象，设置计分板图像和显示内容的图像
    public ScoreBoard(int score) {
        // 图像列表，保存各个显示内容的图像
        List<GreenfootImage> lines = new ArrayList<GreenfootImage>();
        // 游戏结束提示图像
        lines.add(new GreenfootImage("游戏结束 ", 48, Color.WHITE, transparent));
        // 分数图像
        lines.add(new GreenfootImage("得分: " + score, 48, Color.WHITE, transparent));
        int width = 0;
        int height = 0;
        // 根据显示的内容来设置计分板的宽度和高度
        for (GreenfootImage line : lines) {
            height += line.getHeight();
            if (width < line.getWidth()) {
                width = line.getWidth();
            }
        }
```

```
        // 创建计分板图像
        GreenfootImage image = new GreenfootImage(width + 20, height + 20);
        image.setColor(backgroundColor);
        image.fill();
        // 将各个显示内容的图像绘制在计分板图像上
        for (int i = 0, y = 10; i < lines.size(); i++) {
            GreenfootImage line = lines.get(i);
            image.drawImage(line, (image.getWidth() - line.getWidth()) / 2, y);
            y += line.getHeight();
        }
        setImage(image);                                    // 设置计分板图像
    }
}
```

计分板类跟分数类的实现原理类似，也是通过 GreenfootImage 对象作为图像进行显示。程序首先将游戏结束的文字提示和游戏分数值分别保存在两幅 GreenfootImage 图像中，然后又将它们全部绘制到另一幅更大的 GreenfootImage 图像中，最后再统一将它们显示出来。不难看出，最终显示出来的计分板图像实际上是以上三幅图像的合成效果。

至此已经实现了打砖块游戏的全部功能。编译并运行项目"BreakOut4"，测试游戏结束的条件，并观察分数显示以及计分板的图像效果。游戏结束时的画面如图 8.6 所示。

图 8.6　游戏结束时的画面

8.3　游戏扩展练习

虽然游戏的基本功能已经实现了，但是还可以进一步对其进行完善。以下提供几个改进思路。

（1）显示生命值。本章介绍的游戏只是显示了分数值，而没有显示生命值。虽然小球类中的字段 live 可以记录生命值，但是并没有将其显示在游戏窗口中。可以采用与显示分数类似的方法，即将 live 字段的值绘制在一幅 GreenfootImage 图像中，并将其显示在分数值旁边，或者显示在游戏窗口下方的其他位置。注意不要将生命值显示在挡板上方的区域内，否则挡板或小球在移动时可能会与显示的图像发生重叠和遮挡。

（2）改进游戏的图像及声音效果。本章介绍的游戏只是采用了简单的几个图形来表示游戏角色，而且也没有添加任何音效，因此不免显得有些粗糙，也缺乏足够的吸引力。读者可以自己在网上寻找更加精美的图片来作为游戏角色的图像，也可以为游戏加入适当的音效，例如挡板移动的音效、小球在挡板上反弹的音效、小球敲击砖块的音效以及游戏结束的音效等。

（3）加入一些随机性。有些读者可能会发现小球移动的轨迹似乎是确定的，只要挡板的位置固定则小球反弹出去的路线也是相同的，这就容易造成某些砖块永远无法敲击的窘境。为此可以在反弹时加入一些随机性，使得反弹轨迹具有变化，从而增加游戏的趣味性。可以通过 Greenfoot 类的 getRandomNumber() 方法获取随机数，然后以此来对反弹后的速度值进行微调。但要注意，对速度值的改变不宜过大，这样会造成反弹路线的不可预测性，进而也会影响游戏的运行效果。

（4）为砖块设计不同的属性。在游戏中，砖块全部用红色矩形表示，这不免显得有些单调。而且砖块一旦被小球碰到便被敲掉，这样难以为玩家提供足够的挑战性。不妨试着为砖块设置不同的属性，例如设置不同颜色的砖块，或者设置不同坚硬度的砖块，硬度值大的砖块可能需要敲击几次才能被敲碎。甚至可以将颜色和硬度对应起来，即不同颜色的砖块对应不同的硬度，硬度值高的砖块被敲击后会变为硬度值较低砖块的颜色。也可以将砖块的颜色或硬度与分数对应起来，规定不同颜色或硬度的砖块被敲掉后可以获取不同分数。诸如此类的设计可以极大地提高游戏的挑战性和可玩性。

（5）在游戏中加入道具。为了进一步增加游戏的趣味性，可以设计一些具有不同功能的道具，用来增加或削弱玩家的能力。增强能力的道具，例如加长挡板、减慢小球速度、让小球停留在挡板上，另外增加一个小球，甚至让挡板发射子弹射击砖块，等等。削弱能力的道具，例如缩短挡板、加快小球速度、直接损失生命，等等。可以为每种道具设置不同的图像作为标识，并让其随机地隐藏在某些砖块中，当这些砖块被小球敲击的时候，其中隐藏的道具便会掉落下来，而挡板接住道具后则会产生相应的效果。

第四篇

飞行类游戏设计

第9章
太空生存游戏

太空生存游戏是一款挑战极限的飞行游戏，运行界面如图 9.1 所示。游戏中玩家操纵一架火箭在太空中遨游，其间需要躲避不断出现的陨石，而且随着游戏的进行，陨石的数量会逐渐增多，因此躲避的难度也会逐渐增大。这款游戏没有特定的目标，飞船需要尽可能地在太空中生存下去，生存的时间越久则说明玩家的成绩越好。

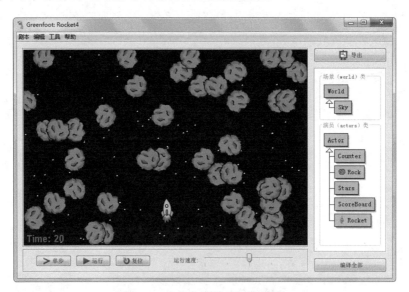

图 9.1　太空生存游戏运行界面

9.1　游戏整体设计

首先考虑游戏的场景和角色的设计。从图 9.1 中可以看到，太空生存游戏的主要角色是火箭和陨石，而其发生的场景则是太空。相应地，可以分别定义火箭类 Rocket、陨石类 Rock 以及太空类 Sky 进行表示。此外，为了模拟太空中的星光闪烁，还需要另外定义一个星星类 Stars。

　　然后考虑游戏中的移动规则。在太空生存游戏中，有两种不同的运动形式，即角色的移动和场景的滚动。作为游戏的主要角色，火箭在玩家的控制下进行移动，而且它可以在游戏窗口中四处移动。为此需要对火箭类进行键盘的按键事件处理。具体来说，当玩家按下键盘的上、下、左、右方向键时，火箭分别向对应的方向移动，但须注意火箭移动时不能超出游戏窗口的边界。

　　与此同时，为了模拟更加真实的太空环境，让游戏的场景滚动显示。这实际上属于场景动画的范畴，但是这里采用比较简单的方法来实现，即通过星星及陨石的移动来衬托场景的滚动。具体来说，让陨石和星星在场景中自动移动，而且它们只能从上到下移动，这样便可实现太空场景的垂直滚动效果。需要注意的是，星星和陨石的移动速度不能相差太大，以免造成不真实的视觉效果。

　　接下来需要考虑角色之间的交互。这个游戏中的交互规则很简单，主要是对火箭和陨石之间进行碰撞检测，若两者相撞则游戏结束。由于星星只是用来烘托场景，并不需要与火箭或陨石发生交互，因此不需要对星星进行碰撞检测。

　　最后为游戏设计时间统计功能。根据游戏规则，玩家操纵的火箭要尽力避免碰到陨石，火箭坚持飞行的时间越长，则说明玩家取得的游戏成绩越好。因此需要对火箭飞行的时间进行统计并显示，以此来体现玩家的游戏成绩。可以定义计时器类 Counter 来实现游戏的计时功能。

　　此外，为了激励玩家反复不断进行游戏，从而提高游戏的耐玩性，可以为游戏设计成绩排行榜功能。排行榜中记录了玩家最好的几次成绩，在游戏结束时按照成绩的排名顺序将玩家成绩显示在窗口中央。定义了 ScoreBoard 类来实现成绩排行榜。

9.2　游戏程序实现

　　按照 9.1 节的设计思路，为游戏编写程序代码。可以将游戏的编写分为以下几个任务逐步实现。

　　（1）创建游戏场景和角色。创建 Sky 类，生成飞船和陨石；创建 Stars 类，产生明暗不同的星星，通过其移动产生星空滚动的效果；创建 Rocket 类，控制飞船移动；创建 Rock 类，实现陨石自动移动。

　　（2）完善游戏规则。完善 Rocket 类，加入与陨石的碰撞检测；完善 Sky 类，自动生成多个陨石，并每隔一段时间调整陨石数量。

　　（3）实现计时功能。创建 Counter 类，统计游戏时间并显示；完善计时功能，当游戏暂停后恢复运行时可以继续计时。

（4）添加成绩排行榜。创建 ScoreBoard 类，游戏结束时显示成绩排行。

9.2.1 创建游戏场景和角色

首先创建游戏的场景和主要角色。打开"Rocket1"项目，可以看到游戏创建了太空类 Sky、星星类 Stars、火箭类 Rocket 和陨石类 Rock。下面分别介绍它们的程序代码。

1. 编写 Sky 类的代码

为太空类 Sky 编写如下代码：

```java
/**
 * 太空类，提供游戏运行的场景
 */
public class Sky extends World {

    // 构造方法，初始化游戏场景
    public Sky() {
        super(600, 400, 1);
        // 设置背景图片
        GreenfootImage background = getBackground();
        background.setColor(Color.black);
        background.fill();
        // 添加游戏角色
        addObject(new Rocket(), 300, 380);
        addObject(new Rock(), 300, 0);
        createStars(100);
    }

    // 创建星星对象
    private void createStars(int num) {
        for (int i = 0; i < num; i++) {    // 根据 num 值随机创建
            int x = Greenfoot.getRandomNumber( getWidth() );
            int y = Greenfoot.getRandomNumber( getHeight() );
            addObject(new Stars(), x, y);
        }
    }
}
```

在 Sky 类中，分别生成了火箭、陨石及星星对象，并将它们添加到游戏场景中。为了真实地模拟星空效果，需要生成数量众多的星星对象，于是定义了方法 createStars() 来实现。该方法通过循环语句自动生成星星对象，并将其随机地添加到游戏窗口的不同位置。

2. 编写 Stars 类的代码

为星星类 Stars 编写如下代码：

```
/**
 * 星星类，模拟太空的星星
 */
public class Stars extends Actor {

    // 构造方法，初始化星星对象
    public Stars() {
        GreenfootImage star = new GreenfootImage(4, 4);
        star.setColor(Color.WHITE);
        star.fillOval(1, 1, 4, 4);
        setImage(star);
    }

    // 星星不断向下移动，若超出窗口下边界则重新回到上方
    public void act() {
        setLocation (getX() , getY() + 1);
        if (getY() >= 395) {
            int x = Greenfoot.getRandomNumber(getWorld().getWidth());
            setLocation(x , 0);
        }
    }
}
```

在 Stars 类的构造方法中，为星星对象设置图像。可以看到，星星的图像实际上是在 GreenfootImage 上绘制的白色小圆点，直径为 4 个像素单位。在 act() 方法中设置了星星的移动规则，即每次向屏幕下方移动一个像素的距离。当星星超出窗口下边界时，让它重新回到窗口上边界。这样当游戏运行时，星星便会不断地在游戏场景中自上而下地移动。而当很多的星星同时移动时，便可制造出在太空中不断行进的动态效果。

3. 编写 Rocket 类的代码

为火箭类 Rocket 编写如下代码：

```
/**
 * 火箭类，能够控制其在场景中移动
 */
public class Rocket extends Actor {

    // 游戏循环，更新火箭的执行逻辑
    public void act() {
        control();
    }

    // 通过方向键控制飞船移动
    public void control() {
        if (Greenfoot.isKeyDown("left")) {
            setLocation(getX() - 5, getY());              // 向左移动
        }
```

```
        if (Greenfoot.isKeyDown("right")) {
            setLocation(getX() + 5, getY());          // 向右移动
        }
        if (Greenfoot.isKeyDown("up")) {
            setLocation(getX(), getY() - 5);           // 向上移动
        }
        if (Greenfoot.isKeyDown("down")) {
            setLocation(getX(), getY() + 5);           // 向下移动
        }
    }
}
```

以上代码将 Rocket 类的图像设置为火箭的图片，并为其定义了 control() 方法。该方法对键盘的按键事件进行处理，判断玩家是否按下了上、下、左、右方向键，若按下某个方向键则让火箭向对应的方向移动。

4. 编写 Rock 类的代码

为陨石类 Rock 编写如下代码：

```
/**
 * 陨石类，表示场景中随机下落的陨石
 */
public class Rock extends Actor {

    // 游戏循环，更新陨石的执行逻辑
    public void act() {
        int x = Greenfoot.getRandomNumber(10);       // 随机生成翻滚角度
        turn(x);                                       // 翻滚
        setLocation(getX(), getY() + 1);              // 下落
        if(getY() >= getWorld().getHeight() - 20) {   // 若超出场景下边界
            getWorld().removeObject(this);            // 移除陨石
        }
    }
}
```

以上代码将 Rock 类的图像设置为陨石的图片，并在 act() 方法中实现其移动操作。为了实现陨石边翻滚边下落的效果，程序首先调用 Actor 类的 turn() 方法将陨石的图片随机地旋转某个角度，然后调用 setLocation() 方法将其位置向下移动一个像素的距离。此外还要进行判断，若是陨石移动时超出了窗口下边界，需要将其从游戏场景中移除。

编译并运行项目"Rocket1"，测试一下游戏的运行效果。

9.2.2 完善游戏规则

目前游戏场景中有了火箭和陨石，并且实现了它们的移动控制。然而，火箭碰到陨石没

有任何反应，也就是说它们之间没有发生交互。因此需要对它们进行碰撞检测及处理，可以简单地设定为：若火箭移动时碰到陨石，游戏便停止运行。

1. 检测火箭与陨石的碰撞

接下来对 Rocket 类进行完善，定义 touched() 方法对火箭与陨石进行碰撞检测及处理。改进后的代码如下（粗体字部分表示新添加的代码）：

```
/**
 * 火箭类，能够控制其在场景中移动
 */
public class Rocket extends Actor {

    // 游戏循环，更新火箭的执行逻辑
    public void act() {
        control();
        touched();
    }

    // 通过方向键控制飞船移动
    public void control() {
        if (Greenfoot.isKeyDown("left")) {
            setLocation(getX() - 5, getY());
        }
        if (Greenfoot.isKeyDown("right")) {
            setLocation(getX() + 5, getY());
        }
        if (Greenfoot.isKeyDown("up")) {
            setLocation(getX(), getY() - 5);
        }
        if (Greenfoot.isKeyDown("down")) {
            setLocation(getX(), getY() + 5);
        }
    }
    // 检测是否碰到陨石
    public void touched() {
        Rock aRock = (Rock) getOneObjectAtOffset(0, 0, Rock.class);
        if (aRock != null) {   // 若撞上陨石，则显示爆炸的图片和音效，游戏结束
            setImage("bz.jpg");
            Greenfoot.playSound("EXPLO6.wav");
            Greenfoot.stop();
        }
    }
}
```

在 touched() 方法中，首先判断火箭是否碰到陨石，若碰到则进行处理。碰撞处理分为三步：一是显示爆炸的图像；二是播放爆炸的声音；三是停止游戏运行。编写好 touched() 方法后，便可将其放入 act() 方法中进行调用。这样在游戏循环的每一步中，程序都会自动调用

touched() 方法来对火箭与陨石进行碰撞检测与处理。

2. 生成多个陨石

需要注意的是，目前的游戏中只有一个陨石，而且当它从场景中移除后并没有生成新的陨石。接下来对 Sky 类进行完善，让其自动生成多个陨石。改进后的代码如下（粗体字部分表示新添加的代码）：

```java
/**
 * 太空类，提供游戏运行的场景
 */
public class Sky extends World {
    private int tick;  // 记录游戏运行步数

    // 构造方法，初始化游戏场景
    public Sky() {
        super(600, 400, 1);
        // 设置背景图片
        GreenfootImage background = getBackground();
        background.setColor(Color.black);
        background.fill();
        // 添加游戏角色
        addObject(new Rocket(),300,380);
        createStars(100);
    }

    // 创建星星对象
    private void createStars(int num) {
        for (int i = 0; i < num; i++) { // 根据 num 值随机创建
            int x = Greenfoot.getRandomNumber(getWidth());
            int y = Greenfoot.getRandomNumber(getHeight());
            addObject(new Stars(), x, y);
        }
    }

    // 创建陨石对象
    public void creatRocks(int num) {
        for (int i = 1; i <= num ; i++) { // 根据 num 值随机创建
            int x = Greenfoot.getRandomNumber(600);
            addObject(new Rock(), x, 0);
        }
    }

    // 游戏循环，更新游戏逻辑
    public void act(){
        tick++;
        if(tick == 30){                     // 游戏循环每运行 30 步，重新设置陨石的数量
```

```
            int num = Greenfoot.getRandomNumber(5) + 1;
            creatRocks(num);
            tick = 0;
        }
    }
}
```

在上述代码中，首先定义了 creatRocks() 方法用于创建陨石。该方法根据传入的参数值来循环地生成相应数量的陨石对象，并将它们随机地添加到游戏场景的最上方。然后在 act() 方法中调用 creatRocks() 方法来自动生成陨石。为了让生成的陨石数量具有变化，程序为 creatRocks() 方法传入 1 到 5 之间的随机数作为参数。此外，为了控制生成陨石的频率，在 Sky 类中新增了整型字段 tick 作为延时变量，并在 act() 方法中进行设定：游戏循环每运行 30 步便重新设置陨石的数量，同时在游戏场景中添加相应数量的陨石对象。

编译并运行项目"Rocket2"，可以看到当火箭与陨石发生碰撞时游戏结束。游戏结束时的画面如图 9.2 所示。

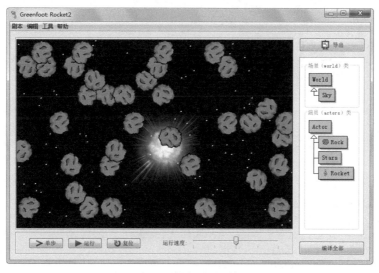

图 9.2　游戏结束时的画面

9.2.3　实现计时功能

根据游戏规则，玩家需要操纵火箭在太空中尽可能生存，生存的时间越长则游戏成绩越高。因此有必要为游戏添加计时功能，以便对玩家所取得的成绩进行量化显示。计时的基本思路是：在游戏开始时获取一次系统时间并保存，然后在游戏运行时不断地用当前的系统时间减去游戏的开始时间，差值便是游戏的运行时间。

1. 创建计时器类

新建一个计时器类 Counter，用来统计并显示玩家的游戏时间。Counter 类的程序代码如下：

```java
/**
 * 计时器类，提供游戏计时功能
 */
public class Counter extends Actor {
    public static long startTime;        // 记录游戏开始时间
    public static long tempTime;         // 记录游戏暂停时间
    public static long playTime;         // 记录游戏运行时间

    // 构造方法，初始化计时器
    public Counter() {
        startTime=0;
        playTime=0;
        tempTime=0;
        showTime(0);
    }

    // 游戏循环，计时并显示
    public void act() {
        countTime();
        showTime(playTime);
    }

    // 计算游戏运行时间
    public void countTime() {
        long thisTime = System.nanoTime();
        playTime = tempTime + ( thisTime - startTime) / 1000000000L;
    }

    // 显示游戏运行时间
    public void showTime(long time) {
        GreenfootImage im = new GreenfootImage(100,30);
        Font font = new Font("Arial", Font.BOLD, 20);
        im.setFont(font);
        im.setColor(Color.red);
        im.drawString("Time: " + time , 10, 20);
        setImage(im);
    }
}
```

在 Counter 类中定义三个长整型的字段 startTime、tempTime 和 playTime，分别表示游戏的开始时间、暂停时间和运行时间。同时定义两个方法 countTime() 和 showTime()，分别用来统计和显示游戏时间。

在 countTime() 方法中，首先调用 Java API 所提供的 System.nanoTime() 方法获取当前的

系统时间（单位为纳秒，1 秒等于 1 000 000 000 纳秒），然后用当前的系统时间 thisTime 减去游戏的开始时间 startTime，并将时间单位转换为秒。最后还要将 thisTime 与 startTime 的差值与游戏的暂停时间 tempTime 相加，最终得到游戏的运行时间。

之所以要加上暂停时间，是因为 Greenfoot 界面上有一个"暂停"按钮，提供游戏的暂停及恢复功能，要求游戏暂停时能保存已运行的时间，而当游戏恢复后能从暂停时刻继续统计时间，而不是重新开始统计。

2. 改进 Sky 类

相应地，需要对 Sky 类进行一些修改，主要是覆写 World 类的 started() 方法和 stopped() 方法。当玩家单击"运行"按钮时，系统会调用 started() 方法；当单击"暂停"按钮时，系统则会调用 stopped() 方法。修改后的 Sky 代码如下（粗体字部分表示新添加的代码）：

```java
/**
 * 太空类，提供游戏运行的场景
 */
public class Sky extends World {
    private int tick;                                   //记录游戏运行步数

    //构造方法，初始化游戏场景
    public Sky() {
        super(600, 400, 1);
        //设置背景图像
        GreenfootImage background = getBackground();
        background.setColor(Color.black);
        background.fill();
        //添加游戏角色
        addObject(new Rocket(),300,380);
        addObject(new Counter(),45,389);
        createStars(100);
        setPaintOrder(Counter.class,Rocket.class);      //设置角色的显示顺序
        tick = 0;
    }

    //单击"运行"按钮时执行
    public void started() {
        Counter.startTime = System.nanoTime();          //记录游戏开始时间
    }

    //单击"暂停"按钮时执行
    public void stopped() {
        Counter.tempTime = Counter.playTime;            //记录游戏暂停时间
    }

    //创建星星对象
    private void createStars(int num) {
```

```java
        for (int i = 0; i< num; i++) {              // 根据 num 值随机创建
            int x = Greenfoot.getRandomNumber(getWidth());
            int y = Greenfoot.getRandomNumber(getHeight());
            addObject(new Stars(), x, y);
        }
    }

    // 创建陨石对象
    public void creatRocks(int num) {
        for (int i = 1; i <= num; i++) {             // 根据 num 值随机创建
            int x = Greenfoot.getRandomNumber(600);
            addObject(new Rock(), x, 0);
        }
    }

    // 游戏循环, 更新游戏逻辑
    public void act() {
        tick++;
        if (tick == 30) {                           // 游戏循环每运行 30 步, 重新设置陨石的数量
            int num = Greenfoot.getRandomNumber((int)Counter.playTime/5 + 1)+1;
            creatRocks(num);
            tick = 0;
        }
    }
}
```

在 started() 方法中，程序调用 System.nanoTime() 方法来获取系统时间并保存为游戏的
开始时间；在 stopped() 方法中，程序将游戏当前的运行时间保存为暂停时间，游戏恢复后其
值会自动累加到此后的运行时间中。

此外，在 Sky 类的构造方法中，调用了 World 类的 setPaintOrder() 方法来设置角色的显
示次序。将计时器显示在屏幕的最上一层，以避免时间显示时被火箭或陨石所遮挡。

还有一点需要注意，在 act() 方法中，给生成陨石的 creatRcoks() 方法所传入的参数不再
是一个常数值，而是一个算术表达式，该表达式通过游戏的运行时间计算得到。不难发现，
随着运行时间的延长，生成的陨石数量会随机增加。这样的处理一方面为游戏带来了更多的
变化性，另一方面也给玩家制造了更大的挑战性。

编译并运行"Rocket3"项目，可以看到添加计时器后的游戏效果如图 9.1 所示。

9.2.4　添加成绩排行榜

实现计时功能后，方便对玩家的成绩实现量化的统计和显示。虽然玩家知道自己每一次的
游戏能够坚持多长时间，但由于游戏并没有提供一个可供达成的具体目标，因此还不足以提高
游戏对玩家的吸引力。还需要设计某种机制来激励玩家反复进行游戏，不断超越之前的成绩。

于是可以考虑为游戏添加成绩排行榜，即把玩家所取得的成绩记录下来，并对成绩进行排名和显示。这样做的好处是显而易见的：通过展示玩家所取得的最好成绩，让玩家获得极大的成就感，同时也为玩家提供了一个清晰的游戏目标，即超越目前的最好成绩，不断创造新的佳绩。

1. 保存游戏时间

为了实现成绩排行榜，首先需要创建一个集合对象来保存玩家所取得的成绩，即玩家每次游戏的运行时间。然后对玩家的成绩进行排序，并按照时间的长短顺序保存在集合中。最后在游戏结束时将排序后的时间依次显示在程序窗口中央。

在 Sky 类中定义 ArrayList 类型的字段 timeList 作为游戏时间的集合。其定义如下：

```
public static ArrayList<Integer> timeList = new ArrayList<Integer> ();
```

需要注意的是，该 ArrayList 使用了泛型 <Integer>，表示保存在该集合中的对象必须是整型的。因此，在将时间值添加到 timeList 中时，需要进行类型转换，将 Long 类型转换为 Int 型。此外，需要将 timeList 定义为 static 类型，这是因为 timeList 需要保存多次游戏的成绩，若是不将其定义为 static，则每当游戏结束后按下"复位"按钮，其中的内容便会被清空。

接下来在 Sky 类中定义 updateRank() 方法以对时间进行排序。代码如下：

```
// 更新排行榜，加入新的记录
public void updateRank(int n) {
    int time = (int)Counter.playTime;
    // 若新记录大于列表中的某个记录，则将其插入到该记录之前
    for(int i = 0; i < timeList.size(); i++) {
        if (time > timeList.get(i)) {
            timeList.add(i, time);          // 将记录插入到列表中的指定位置
            if (timeList.size() > n) {
                timeList.remove(n);         // 删除多余的记录
            }
            return;
        }
    }
    // 若新记录小于列表中的所有记录，则将其加入到列表尾部
    if (timeList.size() < n) {
        timeList.add(time);                 // 将记录加入到列表尾部
    }
}
```

需要注意的是，updateRank() 方法的参数 n 表示预先设定的 timeList 列表的长度，若添加记录后列表的长度大于 n，则需要将列表尾部多余的记录清除。在记录排序方面，采用插入排序算法。具体来说，对于每一个新生成的时间记录，从列表的第一个记录开始比较：若新记录的值大于列表中的某个记录，则新记录插入到该记录的前面；若列表为空，或者新记

录的值小于列表中的所有记录，则新记录加入到列表的尾部。ArrayList 提供了灵活而方便的操作方法，其 add() 方法允许在列表的任意位置插入元素，因此通过列表来实现插入排序算法是非常简单的事情。

此外，Sky 类中还定义了 gameOver() 方法，用来在游戏结束时显示排行榜。代码如下：

```java
// 游戏结束时的操作
public void gameOver() {
    updateRank(3);                          // 更新成绩排名前三的时间记录
    addObject(new ScoreBoard(timeList), getWidth() / 2, getHeight() / 2);
    Greenfoot.stop();
}
```

当火箭碰撞到陨石后会调用 gameOver() 方法，该方法首先调用 updateRank() 方法来更新排行榜，其中包含了时间最长的 3 个记录。接着调用 addObject() 方法生成排行榜对象，并将其添加到游戏窗口中央。最后停止游戏运行。

2. 实现成绩排行榜

排行榜用来将 timeList 列表中的时间依次进行显示，这里创建了 ScoreBoard 类来实现相关的操作。ScoreBoard 类的代码如下：

```java
/**
 * 排行榜类，用来在游戏结束后显示成绩排行
 */
public class ScoreBoard extends Actor {
    private static final Color backgroundColor = Color.pink; // 排行榜背景颜色为粉红色
    private static final Color transparent = new Color(255, 255, 255, 0);
                                                        // 分数背景为透明

    // 初始化排行榜对象，设置排行榜图像和显示内容的图像
    public ScoreBoard(ArrayList<Integer> times) {
        // 图像列表，保存各个显示内容的图像
        List<GreenfootImage> lines = new ArrayList<GreenfootImage>();
        // 游戏结束提示图像
        lines.add(new GreenfootImage("游戏结束", 48, Color.WHITE, transparent));
        for (int i = 0;i < times.size (); i++) {
            int time = times.get(i);
            String text = "第" + (i+1) + "名: "+ time + "秒";
            lines.add(new GreenfootImage(text, 48, Color.WHITE, transparent));
        }
        int width = 0;
        int height = 0;
        // 根据显示的内容设置排行榜的宽和高
        for (GreenfootImage line : lines) {
            height += line.getHeight();
            if (width < line.getWidth()) {
                width = line.getWidth();
```

```
        }
    }
    // 创建排行榜图像
    GreenfootImage image = new GreenfootImage(width + 20, height + 20);
    image.setColor(backgroundColor);
    image.fill();
    // 将各个显示内容的图像绘制在排行榜图像上
    for (int i = 0, y = 10; i < lines.size(); i++) {
        GreenfootImage line = lines.get(i);
        image.drawImage(line, (image.getWidth() - line.getWidth()) / 2, y);
        y += line.getHeight();
    }
    setImage(image);                          // 设置排行榜图像
    }
}
```

从上述代码可以看到，ScoreBoard 类的构造方法将时间列表作为其参数，并循环遍历列表，将每一个时间记录绘制在一个 GreenfootImage 对象上。由于 timeList 列表只保存了排名前三的时间记录，因此排行榜也只会显示出最好的三个成绩。

编译并运行"Rocket4"项目，可以看到游戏结束后窗口中央会显示成绩排行榜，如图 9.3 所示。

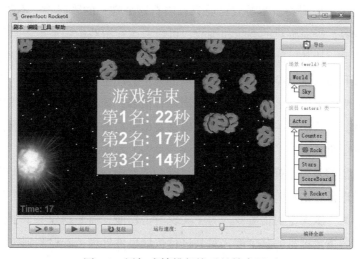

图 9.3 添加成绩排行榜后的结束画面

9.3 游戏扩展练习

实现了太空生存游戏的基本功能后，还可以进一步对游戏进行扩展和改进。下面仅提供一些扩展思路供读者参考，读者也可以自由地对游戏进行再创作。

（1）调整随机数值，改变游戏难度。在这个游戏的设计过程中，很多地方运用了随机数：对于星星对象，其位置是随机设定的；对于陨石对象，其数量是随机生成的，其位置也是随机设定的，甚至其下落时的翻滚角度也是随机的。同时，通过随机数与循环语句的结合，实现了游戏的无穷变化（循环即无穷，随机即变化）。

随机数的数值不仅影响了游戏效果，也决定了游戏难度。例如在 Sky 类中，对于生成陨石的 creatRocks() 方法，随机传入的参数值是由一个算术表达式计算得到的，而该表达式对游戏的时间进行了计算，这实际上就是让游戏的时间作为游戏难度的决定因子。于是，随着游戏时间逐渐延长，游戏的难度也会逐渐增加。相类似，读者也可以考虑用其他规则来为游戏设定随机数，从而改变游戏的难度。

（2）实现爆炸的动画效果。在目前的游戏中，火箭碰到陨石后会显示爆炸的图像，这个图像是事先准备的一个图片文件。由于目前的爆炸效果只是一幅静态的图像，因此显得不够真实和震撼。为了改进爆炸效果，可以考虑实现动态的爆炸动画，基本思路是：首先准备一张绘制有圆形的图片，然后让程序自动生成一些按比例逐渐扩大的大小不一的圆形图像，并将这些图像存放到一个数组中。最后在游戏运行时循环地依次显示数组中的各个圆形图像，便可得到爆炸冲击波的动画效果。

（3）添加更多的障碍物。本游戏目前只有陨石这个唯一的障碍物，不免显得有些单调。为了丰富游戏内容，提高游戏的趣味和挑战，可以考虑在游戏中添加更多障碍物。例如可以在太空中添加流星，让其以随机的角度和速度从屏幕中划过，玩家操作火箭要随时提防这个"不速之客"。还可以添加太空黑洞，根据黑洞的大小会产生不同的吸引力，当火箭或陨石靠近黑洞时会被它吸收进去。诸如此类的障碍物还有很多，读者可以充分发挥想象力，设计各种不同的障碍物。需要注意的是，添加的障碍物要尽量与游戏的主题及背景相协调，不然就会造成突兀或奇怪的感觉。

（4）让火箭能够发射子弹进行射击。在目前的游戏中，玩家只能操作火箭躲避陨石的碰撞，而不能主动进行攻击。倘若给火箭加入射击功能，使其能够发射子弹击碎陨石，那么本游戏便将被改造为一款太空射击游戏。为了实现射击功能，需要新建一个子弹类来表示火箭发射的子弹，然后指定键盘的某个键，对其进行按键事件处理：若检测到按下该键时，游戏便会生成子弹对象，并添加到游戏场景中。为了表现出火箭发射子弹的效果，生成的子弹对象要添加到火箭的上方。同时由于火箭是竖直向上飞行的，因而子弹也只能竖直向上移动。此外，若子弹移动时碰到陨石，则要将子弹与陨石从游戏场景中移除，以表示子弹击碎陨石的效果。

第 10 章

星球大战游戏

本章介绍的星球大战游戏是一款以太空为背景的射击游戏。图 10.1 显示了星球大战游戏的运行界面，其中游戏背景是卷轴式的星空背景，飞船对象是玩家角色，灰色敌人战机则是电脑角色。飞船可以发射激光射击敌机，击中后显现爆炸的画面及声音效果；若飞船被敌人的战机撞到，则飞船爆炸。飞船每击中一艘敌人战机便可加 1 分，累计得分达到 30 分则游戏结束。

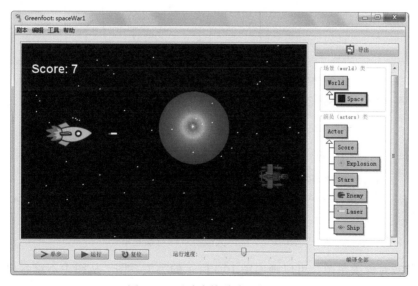

图 10.1　星球大战游戏运行界面

10.1　游戏整体设计

从游戏运行界面可以看到，若要实现星球大战游戏，需要定义 6 个游戏角色类和一个场景类 Space。角色类中的 Ship 类负责实现玩家控制的飞船对象，Laser 类用来生成飞船的激光武器，Enemy 类代表敌人的飞行器，Stars 类负责绘制星空背景，Explosion 类用来实现当敌机被激光击中或者玩家飞船被敌机撞毁后的爆炸效果，Score 类负责对玩家飞船的得分进行记录。

图 10.2 描绘了游戏的对象关系。不难看出，Ship 类的对象和 Enemy 类的对象在程序运行时交互比较频繁。它们之间除了有直接交互之外，更多的是以 Laser 为中间对象进行间接交互。游戏运行时飞船会向敌机发射激光，并且引起爆炸，而爆炸只是一种动画效果，因此交互作用主要集中在 Ship 类的对象、Enemy 类的对象和 Laser 类的对象之间。

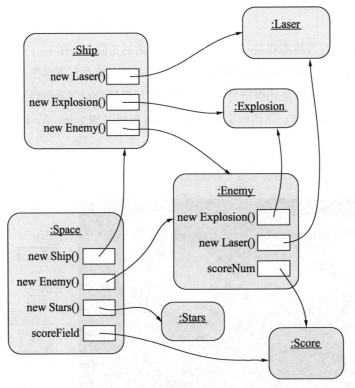

图 10.2　星球大战游戏的对象关系

根据游戏对象关系图，可以画出图 10.3 所示的类关系图。从图中不难看出，Ship 类、Enemy 类和 Laser 类这 3 个类的定义中有一些相同的部分，例如 3 个类的对象都是做匀速直线运动，因而它们的类定义中都涉及运动控制的方法。另外，因为游戏运行时 Ship 类的对象与 Enemy 类的对象之间有碰撞检测的要求，Laser 类的对象与 Enemy 对象之间也有碰撞检测的要求，所以它们 3 个类中都定义了碰撞检测的方法。

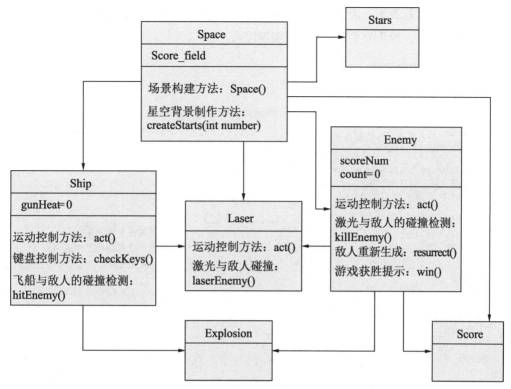

图 10.3 星球大战游戏的类关系

10.2 游戏程序实现

接下来为星球大战游戏编写程序代码。首先实现游戏的基本功能，然后在此基础上进一步完善游戏的效果和程序的结构。整个游戏程序的实现主要分为以下几个任务。

（1）实现游戏的基本功能。创建游戏的场景类和角色类，实现游戏角色之间的交互，并实现游戏的计分功能。

（2）添加爆炸效果。创建用于实现爆炸效果类，制作爆炸的动画，并在游戏角色发生碰撞时显示爆炸效果。

（3）优化程序结构。通过继承机制消除重复代码，并对程序进一步完善，从而增强游戏的可维护性和可扩展性。

10.2.1 游戏主要类的实现

游戏程序中的 Ship、Enemy 和 Laser 类是 3 个最主要的类，其对象之间的交互作用在

游戏运行过程中比较频繁，因此这里详细讨论这 3 个类的实现。启动 Greenfoot 界面，打开
"SpaceWar1"项目，为几个主要的类编写实现代码。

1. 编写 Ship 类的代码

为飞船类 Ship 编写如下代码：

```java
/**
* 飞船类，用来表示玩家控制的太空飞船
*/
public class Ship extends Actor {
    private int gunHeat = 0;                         // 飞船两次射击之间的时间间隔

    public void act() {
        checkKeys();                                 // 键盘按键控制的方法
        hitEnemy();                                  // 飞船撞到敌机的处理方法
        gunHeat--;                                   // 当 gunHeat>0 时，飞船不会连续射击
    }

    // 用键盘控制飞船运动的方法
    public void checkKeys() {
        if (Greenfoot.isKeyDown("up")) {
            setLocation(getX(), getY() - 5);     // 飞船垂直向上移动 5 个单位的长度
        }
        if (Greenfoot.isKeyDown("down")) {
            setLocation(getX(), getY() + 5);     // 飞船垂直向下移动 5 个单位的长度
        }
        if (Greenfoot.isKeyDown("space") && (gunHeat <= 0)) {
            getWorld().addObject(new Laser(), getX(), getY());// 飞船发射激光
            Greenfoot.playSound("shot1.wav");                 // 播放射击音效
            gunHeat = 25;
        }
    }

    // 飞船与敌机碰撞的处理方法
    public void hitEnemy() {
        if (getOneIntersectingObject(Enemy.class) != null) {  // 若敌机与飞船发生碰撞
            getWorld().addObject(new Explosion(), getX(), getY());  // 添加爆炸效果
            Greenfoot.playSound("explosion.wav");              // 播放爆炸音效
            getWorld().removeObject(this);                     // 让飞船对象消失
        }
    }
}
```

Ship 类用来表示玩家控制的飞船。其中定义了两个主要方法：一个是 hitEnemy() 方法，
用来对飞船与敌机进行碰撞检测；另一个是 checkKeys() 方法，用来对飞船进行控制。由于

游戏的星空背景是水平滚动显示的，因此玩家只能通过键盘的上、下方向键来操纵飞船进行垂直方向移动。同时还设置了空格键用于发射激光武器来攻击敌机，当玩家按下空格键之后便会在游戏场景中生成一个激光对象。为了控制激光发射的频率，程序中定义了字段 gun-Heat 作为延迟变量。此外，由于游戏运行时会自动执行 act() 方法，因此飞船的所有动作方法的调用都被放在 act() 方法里。

2. 编写 Enemy 类的代码

为敌机类 Enemy 编写如下代码：

```
/**
 * 敌机类，用来表示敌方的飞行器
 */
public class Enemy extends Actor {
    private Score scoreNum;                    // 记分对象
    public int count = 0;                      // 保存已被击落的敌机数

    // 构造方法
    public Enemy(Score score_field) {
        scoreNum = score_field;
    }

    // 敌机在一次游戏循环中所执行动作的方法
    public void act() {
        setLocation(getX() - 3, getY());       // 敌机水平向左运动
        if (getX() <= 0) {                      // 若敌机运动到场景最左端，则从场景最右端出现
            setLocation(getWorld().getWidth() + 20 , Greenfoot.getRandomNumber(400));
            count--;
            scoreNum.setText("Score: " + count);
        }
        killEnemy();                            // 敌机被飞船激光击中后的处理方法
        win();                                  // 游戏获胜的方法
    }

    // 敌机被飞船激光击中后的处理方法
    public void killEnemy() {
        if(getOneIntersectingObject(Laser.class) != null) {    // 如果敌机被激光击中
            Actor laser = getOneIntersectingObject(Laser.class);
            getWorld().removeObject(laser);
            getWorld().addObject(new Explosion(), getX(), getY()); // 实现爆炸效果
            Greenfoot.playSound("explosion.wav");               // 播放爆炸音效
            count++;                                            // 击中的敌机数加 1
            scoreNum.setText("Score: " + count);               // 显示游戏分数
            resurrect();                        // 敌机被击中后重新在起始位置显示
        }
```

```
    }

    // 敌机被击中后重新生成的方法
    public void resurrect(){
        setLocation(getWorld().getWidth() + 20 , Greenfoot.getRandomNumber(400));
    }

    // 显示游戏获胜的方法
    public void win(){
        if (count > 30) {                          // 当积分达到30，游戏结束
            getWorld().setBackground("win.png");
            getWorld().removeObject(this);
        }
    }
}
```

Enemy 类用来表示敌人的飞行器，其主要方法是 killEnemy() 方法，作用是处理敌机被玩家击毁后的情形。具体来说，若敌机被击中，需要播放爆炸的动画和声音，同时让敌机随机地出现在新的位置。同时还定义了 win() 方法，用来判断游戏结束的条件。而在 act() 方法中除了调用 killEnemy() 方法和 win() 方法之外，还对敌机的移动进行控制：敌机从右向左进行水平运动，若敌机运动到场景最左端，则从场景最右端随机出现。此外，敌机中还定义了字段 scoreNum 和 count 用于统计并显示游戏分数：当敌机被击中一次分数加 1；当敌机驶出了场景最左端分数减 1。

比较 Ship 和 Enemy 类的代码，可以发现两者有重复的部分，例如都调用 setLocation() 方法来实现对象的匀速直线运动，再如，两者都有碰撞检测的代码，而且碰撞发生后都有显示爆炸效果及记分处理的相关代码。

3. 编写 Laser 类的代码

为激光类 Laser 编写如下：

```
/**
 * 激光类，用来表示飞船发射的武器
 */
public class Laser extends Actor {
    // 构造方法中绘制激光的图像
    public Laser() {
        GreenfootImage laser = new GreenfootImage(20, 5);
        laser.setColor(Color.RED);
        laser.fillOval(1,1, 6, 5);
        laser.setColor(Color.YELLOW);
        laser.fillRect(7,1, 20, 5);
        setImage(laser);
    }
```

```
// 激光在一次游戏循环中所执行的动作
public void act() {
    setLocation(getX() + 20, getY());          // 激光速度为20，水平向右运动
    if (getX() >= getWorld().getWidth() - 1) {  // 若到达场景右边界则消失
        getWorld().removeObject(this);
    }
}
```

Laser 类用来表示玩家发射的激光武器。在构造方法中调用了 GreenfootImage 对象的绘图方法来为其设置图像，在 act() 方法中控制激光对象水平向右移动，若超过场景右边界则将其移除。从上述代码可以看到，在 Laser 类中同样具有匀速直线运动的控制代码。

编译并运行"SpaceWar1"项目，测试游戏的运行效果。

10.2.2　显示爆炸效果

在射击类游戏中，常常可以见到物体被子弹击中后的爆炸冲击波效果，即爆炸刚开始时只是一个小圆点，随后不断扩大，最后逐渐消失，同时伴有爆炸的声音效果，如图 10.4 中的圆形所示。

为了实现这种效果，可以准备一张绘制有圆形的图片，然后让程序自动生成一些按比例逐渐扩大的大小不一的圆形图像，并将这些图像存放到一个数组中，然后在游戏运行时循环依次显示圆形图像数组中的各个元素，便可得到上述爆炸冲击波的动画效果。具体原理如图 10.4 所示。

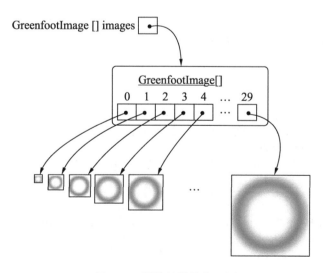

图 10.4　爆炸效果的实现原理

进入游戏项目"SpaceWar1"的 Explosion 类代码编辑框。具体实现步骤如下。

首先，声明如下 4 个字段：

```
private final static int IMAGE_COUNT = 12;        // 爆炸冲击波效果图像总张数
private static GreenfootImage[] images;           // 存储爆炸冲击波效果图像的数组
private int imageNo = 0;                           // 记录已显示的爆炸效果图像的张数
 private int increment = 1;                         // 表示图片数组中元素下标的变化值
```

然后，定义 initializeImages() 方法，用来按比例尺寸生成一系列的效果图像，当方法编写完成后可以在 Explosion 类的构造方法中调用，代码如下：

```
// 按比例尺寸生成一系列爆炸效果图像
public static void initializeImages() {
  if (images == null) {
    // 生成基准尺寸图像 baseImage
    GreenfootImage baseImage = new GreenfootImage("images/explosion-big.png");
    // 创建爆炸效果图像数组
    images = new GreenfootImage[IMAGE_COUNT];
    for (int i = 0; i < IMAGE_COUNT; i++) {
      // 按 baseImage 图像的宽度的 1/12 为 1 倍，循环计算每一幅图像的尺寸
      int size = (i + 1) * ( baseImage.getWidth() / IMAGE_COUNT );
      // 用 baseImage 图像生成爆炸冲击波数组的每一幅图像
      images[i] = new GreenfootImage(baseImage);
      // 按照计算出的尺寸比例对数组中的每一幅图像进行缩放
      images[i].scale(size, size);
    }
  }
}
```

利用上面的 initializeImages() 方法生成一系列不同尺寸的爆炸效果图像。接下来可以循环顺序播放 images 数组中的每一幅图像。具体代码如下：

```
// 在每次游戏循环中执行以下代码
public void act() {
    setImage(images[imageNo]);
    imageNo += increment;
    // 若按顺序显示完数组中的所有图像，则按逆序显示数组中的每幅图像
    if (imageNo >= IMAGE_COUNT) {
        // 下标每次减 1，表示从数组的最后一个元素访问到第一个元素
        increment = -1;
        imageNo += increment;
    }
    // 如果所有的爆炸效果图像都已显示完毕，就移除爆炸冲击波的所有图像
    if (imageNo < 0) {
        getWorld().removeObject(this);
    }
}
```

上述代码完成了爆炸效果图像数组的声明、初始化以及循环使用每一个数组元素。当爆炸产生时，程序先按顺序依次播放 images 数组中的每一幅图像，然后按逆序依次播放 images 数组中的每一幅图像，从而显示出爆炸冲击波由小变大，然后逐渐消退的动画效果。设计好 Explosion 类之后，便可以在 Ship 类及 Enemy 类的碰撞检测代码中生成 Explosion 对象来呈现飞船撞击及敌机击毁时的爆炸效果。

10.2.3　程序结构优化

1. 消除重复代码

至此游戏的主要功能已经基本实现，但是在代码质量方面还存在一些问题，最主要的就是代码重复。在之前的程序中，Ship 类、Enemy 类及 Laser 类的有些代码是相同的，例如都有调用 setLocation() 方法实现从一个坐标位置到另一个坐标位置的匀速直线运动。另外，Ship 类和 Enemy 类之间以及 Enemy 类与 Laser 类之间的碰撞检测、碰撞发生后的爆炸效果以及重新生成位置的相关代码基本相同。

代码重复给程序带来的危害是很严重的，它会使程序的扩展变得比较困难。假如将一个新的类加入游戏场景中，如让敌人派出飞碟来攻击飞船，那么飞碟类 Saucer 的代码与 Ship 类和 Enemy 类的基本相同。这意味着 Ship 类和 Enemy 类中共同的代码在飞碟类 Saucer 中又需要重复一次，倘若哪个类中的代码出现问题，其他所有的类都要进行修改。

虽然目前程序的每个类的设计问题还不明显，但是程序结构却不能适应以后程序的修改和升级，因此需要找到一个更好的办法来重新组织程序的代码结构，而这正好可以使用继承。继承是一种解决代码重复的机制。其原理很简单，首先将 Ship、Enemy 和 Laser 这 3 个类的共同部分提取出来，单独地做成一个 Sprite 类；然后，分别将 Ship、Enemy 和 Laser 类声明为这个 Sprite 类的子类；最后分别在 Ship 类里添加自己特有的代码，在 Enemy 类里添加自己特有的代码，对于 Laser 类也是如此。这样一来，Ship、Enemy 和 Laser 这 3 个类都继承自 Sprite 类，它们都是 Sprite 类的子类。使用继承的好处是，3 个类中共同的属性只须描述一次，而且子类的实现也变得简单，只须考虑自己特有的部分就行，从而不用担心如何与其他类的代码保持一致。

图 10.5 是使用继承后程序的类图。不难看出，Sprite 类定义了所有类共同的字段和方法，而 Sprite 类下面的 3 个类则继承自 Sprite 类，它们不仅具有共同的 Sprite 类部分，而且具有单独的字段和方法。

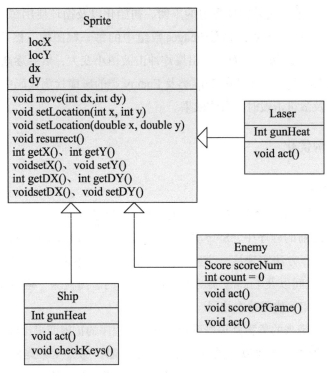

图 10.5　使用继承后程序的类图

接下来，在之前的"SpaceWar1"项目中创建 Sprite 类，并将 Ship 类的代码按照继承的方式进行修改。代码如下：

```
//Sprite 类是被继承的类，即父类
public class Sprite {
    private int locX;                       // 对象所处位置的 x 坐标
    private int locY;                       // 对象所处位置的 y 坐标
    private int curdx;                      // 对象在 x 方向上移动的距离
    private int curdy;                      // 对象在 y 方向上移动的距离
    public Sprite(int x, int y) {           // 构造方法
    ......
    }
    public void move(int dx, int dy) {      // 对象运动的方法
    ......
    }

 //Ship 类继承 Sprite 类，是其子类
public class Ship extends Sprite {
    private int gunHeat = 0;

    public Ship(int x, int y) {             // 构造方法
    ......
```

```
    }
    public void act() {              // 对象在一个游戏循环内所执行的动作
    ......
    }
    public void checkKeys() {        // 键盘控制的方法
    ......
    }
}
```

在上述代码中，"Ship extends Sprite"表明 Ship 类是 Sprite 类的子类，而 Sprite 类则是 Ship 类的父类。另外，在 Ship 类中只定义自己特有的字段和方法，从 Sprite 类继承得到的字段和方法（如 locX 和 locY 等）不再需要被定义在 Ship 类中，而 Ship 类的对象依然拥有其父类的 locX 和 locY 等字段与方法。图 10.6 展示了使用继承之后的星球大战游戏界面。从界面右侧的类结构区域中可以看到，程序将 Ship、Enemy 和 Laser 这 3 个类中的共同部分设计成 Sprite 类，然后继承它。图中的空心箭头表示继承的关系。

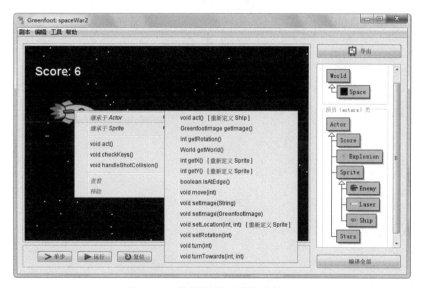

图 10.6　使用继承后的游戏界面

实际上，在 Greenfoot 提供的场景类 World 和角色类 Actor 本身就是两个可供其他类继承的父类，所有继承它们的类都是其子类，这些子类都拥有父类的字段和方法。在图 10.6 中，Ship 类对象的方法除了自己的方法之外，还有一些是继承自 Actor 类和 Sprite 类的方法。例如，程序中让 Ship 对象移动的 move() 方法，以及设置 Ship 对象图像的 setImage() 方法等都是继承自 Actor 类的，因而可以被 Ship 类的对象直接调用。

与 Ship 类相似，Enemy 类和 Laser 类也可以继承 Sprite 类的字段和方法，从而很好地简化游戏代码。

    需要说明的是，Sprite 类中的 locX、locY、curdx 和 curdy 这 4 个字段都被定义为 Sprite 类的私有字段，因此它们不能被子类 Ship、Enemy 和 Laser 的对象访问。若子类要访问或修改父类的私有字段，则需要父类中提供相应的访问器和修改器方法。子类对象可以直接调用父类的访问器和修改器方法，从而间接地使用父类中的私有字段。在这里，可以为 Sprite 类定义如下访问器和修改器方法：

```java
// 访问 locX 的值
public int getX() {
    return locX;
}

// 访问 locY 的值
public int getY() {
    return locY;
}

// 修改 locX 的值
public void setX(int x) {
    locX = x;
}

// 修改 locY 的值
public void setY(int y) {
    locY = y;
}

// 访问 curdx 的值
public int getDX() {
    return curdx;
}

// 访问 curdy 的值
public int getDY() {
    return curdy;
}

// 修改 curdx 的值
public void setDX(int dx) {
    curdx = dx;
}

// 修改 curdy 的值
public void setDY(int dy) {
    curdy = dy;
}
```

此外，飞船和敌机都有碰撞或被击中后的爆炸效果，以及需要重新设置飞船和敌机的位置。因此，还要为 Sprite 类定义两个方法 struckEffect() 和 resurrect()，分别用来生成爆炸效果和重新生成飞船或敌机对象的位置。代码如下：

```java
// struckEffect() 方法用来生成爆炸效果
public void struckEffect() {
    getWorld().addObject(new Explosion(), getX(), getY());      // 生成爆炸对象
    Greenfoot.playSound("explosion.wav");                       // 播放爆炸音效
}


// resurrect() 方法用来重新生成飞船或敌机对象的位置
protected void resurrect() {
    int x, y;
    int dx = 0;
    if(this instanceof Ship) {              // 若为飞船，则在场景左侧随机生成新的位置
        x= 50 + Greenfoot.getRandomNumber(100);
        y=Greenfoot.getRandomNumber(400);
    }
    else{                                   // 若为敌机，则在场景右边界随机生成新的位置
        x = getWorld().getWidth();
        y = Greenfoot.getRandomNumber(400);
    }
    setLocation(x,y);                       // 更新位置坐标值
}
```

接下来，只须在 Ship 类和 Enemy 类中的适当位置调用以上方法即可。

2. 进一步完善代码

观察 Ship 类和 Enemy 类的 act() 方法，可以发现两个类中都有关于碰撞检测、对象位置重新生成和游戏计数的功能代码。可用如下伪代码描述：

```
// 更新游戏逻辑，每次游戏循环执行一次
public void act() {
    调用对象运动的方法;
    if (与其他对象发生了碰撞){
        显示爆炸效果;
        播放爆炸音效;
        将对象在新的位置重新显示，以展现对象被消灭后重新生成的效果;
    }
    调整游戏得分或更改飞船再次发射激光的延迟时间;
}
```

如上所述，虽然两个类都有关于对象运动、碰撞检测、重设位置和计数的功能，但它们实现代码的方式却有很大的不同。例如，当 Ship 类的对象被 Enemy 类的对象碰撞后，飞船对象发生爆炸，而敌机对象的消亡是由于激光对象与敌机对象碰撞后，敌机发生爆炸；飞船中的计数是记录飞船两次发射激光之间的时间间隔，避免出现连击而使得游戏太容易，而敌

机中的计数是计算有多少个敌机被飞船的激光击中，以记录游戏的成绩得分；飞船被击中并重设坐标后仍然只能做垂直方向的运动，而敌机被击中并重设坐标后却仍然只能做自右向左的水平运动。

若能将以上动作抽象出来，并写入父类 Sprite 中，程序结构便能得到进一步优化。然而，目前两个类中相关功能的实现代码并不相同，因此不能简单地将它们归并到父类中，而应该在更高的层次上将两者的重复部分抽象出来，然后写到父类中。因此可以为两个类中的功能相同部分的代码设计一个用于处理碰撞的 handleShotCollision() 方法，但是 Ship 类和 Enemy 类对于 handleShotCollision() 方法的具体实现代码可以不同。

接下来，在 Sprite 类中定义一个 handleShotCollision() 方法。由于添加该方法只是作为调整程序结构的手段，并不需要为该方法编写具体的实现代码，因此可以在方法声明前加上 "abstract" 关键字，从而将其定义为抽象方法。这样一来，Sprite 类的所有子类都必须实现 handleShotCollision() 方法，并在其中加入具体的实现代码。此外，由于加入了抽象方法，Sprite 类也要相应地修改为抽象类。具体代码如下：

```java
public abstract class Sprite extends Actor {        //Sprite 定义为抽象类
    ......
    public abstract void handleShotCollision();   // 定义抽象方法
    ......
}
```

接下来，分别在 Sprite 类的各个子类中实现抽象方法 handleShotCollision() 即可。父类的抽象方法一旦在子类中被实现后就可以直接调用。

Ship 类的代码修改如下（粗体字部分表示新添加的代码）：

```java
/**
 *飞船类，用来表示玩家控制的太空飞船
 */
public class Ship extends Sprite {
    private int gunHeat = 0;

    public Ship(int x,int y) {
        super(x,y);
    }

    public void act() {
        checkKeys();
        handleShotCollision();                      // 在子类 Ship 中调用父类 Sprite 中的抽象方法
    }

    // 键盘控制飞船对象运动与发射激光的方法
    public void checkKeys() {
        if (Greenfoot.isKeyDown("up")) {            // 若按住 "上" 键，飞船向上移动
```

```
            move(0, -5);
        }
        if (Greenfoot.isKeyDown("down")) {        // 若按住 "下" 键, 飞船向下移动
            move(0, 5);
        }
        // 若按空格键, 飞船发射激光
        if (Greenfoot.isKeyDown("space") && (gunHeat <= 0)) {
            getWorld().addObject(new Laser(), getX(), getY());
            Greenfoot.playSound("shot1.wav");
            gunHeat = 25;
        }
    }

    // 在子类 Ship 中实现父类 Sprite 中的抽象方法
    public void handleShotCollision() {
        if (getOneIntersectingObject(Enemy.class) != null) {        // 若飞船与敌机碰撞, 则
            struckEffect();                                         // 生成爆炸效果
            resurrect();                                            // 飞船对象重新生成
        }
        gunHeat--;                          // gunHeat 值每次减 1, 直到为零时才能再次发射激光
    }
}
```

Enemy 类的代码修改如下 (粗体字部分表示新添加的代码):

```
/**
 * 敌机类, 用来表示敌方的飞行器
 */
public class Enemy extends Sprite {
    private Score scoreNum;
    public int count = 0;

    public Enemy(Score score_field,int x,int y) {
        super(x,y);
        scoreNum = score_field;
    }

    public void act() {
        move(-3, 0);                // 敌机自右向左做水平直线运动
        handleShotCollision();      // 在子类 Enemy 中调用父类 Sprite 中的抽象方法
        win();
    }

    // 记分的方法
    public void scoreOfGame(int ct){
        count=count + ct;
        scoreNum.setText("Score: " + count);
    }

    // 判断游戏结束的方法
    public void win(){
```

```java
        if (count >30){                                  // 当积分达到 30，游戏结束
            getWorld().setBackground("win.png");
            getWorld().removeObject(this);
        }
    }

    // 在子类 Enemy 中实现父类 Sprite 中的抽象方法
    public void handleShotCollision() {
        if (getX() <= 0) {                               // 若敌机移动到场景左边界
            scoreOfGame(-1);                             // 游戏得分减 1
            resurrect();                                 // 重新生成一个敌机对象
        }
        if (getOneIntersectingObject(Laser.class) != null) { // 若敌机被激光击中
            Actor laser = getOneIntersectingObject(Laser.class);
            getWorld().removeObject(laser);             // 撤销激光对象
            struckEffect();                             // 显示爆炸效果
            scoreOfGame(1);                             // 游戏得分加 1
            resurrect();                                // 重新生成一个敌机类对象
        }
    }
}
```

Laser 类的代码修改如下（粗体字部分表示新添加的代码）：

```java
/**
 * 激光类，用来表示飞船发射的武器
 */
public class Laser extends Sprite {
    public Laser() {
        super(0,0);
        GreenfootImage laser = new GreenfootImage(20, 5);
        laser.setColor(Color.RED);
        laser.fillOval(1, 1, 6, 5);
        laser.setColor(Color.YELLOW);
        laser.fillRect(7,1, 20, 5);
        setImage(laser);
    }

    public void act() {
        move(20, 0);                        // 激光向右做水平直线运动
        handleShotCollision();              // 在子类 Laser 中调用父类 Sprite 中的抽象方法
    }

    // 在子类 Laser 中实现父类 Sprite 中的抽象方法
    public void handleShotCollision() {
        // 若激光飞出了场景右边界，则取消激光对象
        if (this != null && getX() >= getWorld().getWidth() - 1) {
            getWorld().removeObject(this);
        }
    }
}
```

　　至此完成代码结构的优化工作。不难看出，经过完善后的程序代码显得更加简洁明了。现在编译并运行项目"SpaceWar2"，测试一下游戏设计的功能能否正确执行。

10.3　游戏扩展练习

　　虽然游戏的基本功能完成了，但是该游戏还有不少地方可以改进和进一步扩展。下面提供几个思路供大家思考和练习。

　　（1）完善游戏规则。本游戏目前还存在一些 Bug。例如玩家的飞船碰到敌机后，会在新生成的位置重新出现，但倘若敌机也刚好处于该位置，则刚出现就立刻被击毁。为了改进这个 Bug，可以为玩家飞船设立一个"无敌"时间或"冷冻"时间，即当玩家飞船被击毁时设定一小段时间，使其在这段时间内不会再次受到攻击。具体来说，可以定义一个整型变量进行计数，初始值为 0。当玩家被击中时，该变量的值开始增加。同时在程序中进行判断，若该变量值小于某个数值时，不会对玩家飞船与敌机进行碰撞检测。这样就避免了玩家飞船与敌机的反复碰撞。此外，还可以为无敌时间设置动画效果，例如通过图像的闪烁来表示飞船处于无敌状态。通过类似这样的视觉反馈，会让玩家获得更好的游戏体验。

　　（2）增加游戏的挑战性。本游戏只是实现了基本功能，但是难度并不大，不能对玩家构成足够的挑战。可以考虑对程序做出一些改变，以增加游戏的挑战性。例如可以增加敌机的数量，并为它们随机地设置速度值，从而让每架敌机拥有不同的速度。当一群敌机以快慢不等的速度向玩家飞船冲过来时，游戏的挑战性顿时增加了不少。甚至还可以让敌机发射子弹攻击玩家飞船，或者让敌机能够躲避玩家的攻击，这些都能极大地提高游戏的挑战性。

　　（3）添加新的敌机。目前游戏中只有一种敌人的飞行器，不免显得单调。可以考虑加入不同种类的敌机，而新添加的敌机要在外观和属性上都与现有的敌机不同。例如飞碟形象的敌机，沿着曲线而不是直线进行移动，喷射火焰而不是发射激光，等等。由于程序已经定义了 Sprite 类，包含了游戏角色通用的字段和方法，因此新定义敌机类时，只需要继承 Sprite 类并实现自身特定的方法即可。

　　（4）为游戏设计新关卡。目前游戏在达到目标分数后便结束了，并没有进一步为玩家提供游戏的机会。为了进一步提高游戏的挑战性和可玩性，可以考虑为游戏增加新的关卡。在新的关卡中会出现新型的敌机，它们将拥有更快的速度和更强的攻击性，也更加不容易被玩家击毁。此外新关卡的目标分数会更高。假如初始关卡的目标分数设定为 30 分，那么新关卡可以规定得到 50 分才能达成目标。这样一来，随着关卡数量的增加，游戏难度会逐渐增加，游戏的挑战性也便逐渐增强了。

第 11 章
飞扬的小鸟游戏

飞扬的小鸟游戏原名叫作 *flappy bird*，是由越南的一名游戏工程师设计开发，并最初在手机平台上发布的一款飞行类游戏，之后又陆续推出了 PC 端及 Web 端的版本。游戏中玩家需要控制一只胖乎乎的小鸟，跨越由各种不同长度水管所组成的障碍，游戏界面如图 11.1 所示。该游戏于 2013 年 5 月在苹果 App Store 上线，2014 年 2 月在 100 多个国家和地区的榜单一跃登顶，下载量突破 5000 万次。

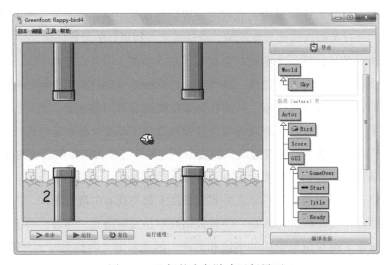

图 11.1　飞扬的小鸟游戏运行界面

11.1　游戏整体设计

首先设计游戏的场景和角色。从图 11.1 中可以看到，这款游戏中涉及的角色对象比较多，例如小鸟、水管、分数等基本游戏对象，还有一些用户界面对象，例如标题、按钮和结束提示等。需要这些对象创建相应的类进行表示，游戏中需要创建以下一些主要的类：

（1）天空类（Sky）。用来表示游戏的运行场景，并在其中加入其他的角色对象。

（2）小鸟类（Bird）。用来表示游戏的主角，对其移动进行控制，并对其进行碰撞检测。

（3）水管类（Pipe）。用来表示游戏中的水管障碍物，对小鸟向前的飞行进行阻挡。它拥有两个子类：底端水管类（BottomPipe）和顶端水管类（TopPipe），分别表示竖立在窗口下方和上方的水管。

（4）分数类（Score）。用来统计游戏分数，并将分数显示在屏幕上。

（5）界面类（GUI）。用来表示游戏的图形用户界面，包含几个子类：标题类（Title），用于显示游戏名称；准备提示类（Ready），用于提示游戏准备开始；开始按钮类（Start），用于启动游戏；结束提示类（GameOver），用于显示游戏结束的提示。

然后考虑游戏的移动规则。为了模拟小鸟在空中真实的飞行效果，需要对水平和垂直两个方向分别进行处理。对于水平方向，通过不断滚动背景来衬托小鸟向前移动。为了增强背景的滚动效果，除了对水管障碍物角色进行移动，还要对场景的图像进行滚动显示；对于垂直方向，需要让小鸟能够在天空中上下飞行。然而，与其他太空背景下的飞行游戏不同，这个游戏发生的场景离地面很近，小鸟会受到地心引力的影响，因此需要模拟重力的效果。可以对鼠标单击事件进行处理，当单击鼠标左键时让小鸟飞扬起来，然后让小鸟受重力的影响下落。此外，在小鸟飞行的过程中，还可以加入小鸟扇动翅膀的动画效果，从而让飞行显得更加逼真。

接下来考虑角色之间的交互。这个游戏中的交互主要是小鸟与障碍物的碰撞：一方面小鸟向前飞行时可能与水管发生碰撞；另一方面，小鸟在下落时将会与地面发生碰撞。因此，我们需要分别对小鸟与水管以及小鸟与地面进行碰撞检测，当小鸟与两者之一相撞则游戏结束。

最后为游戏设置计分功能。根据游戏规则，玩家操纵小鸟飞行时要尽力避免碰到障碍物，小鸟飞越的障碍物越多，则说明玩家取得的游戏成绩越好。因此需要对小鸟飞越的障碍物进行统计并显示，以此来体现玩家的游戏成绩。定义分数类 Score 来实现游戏的计分功能。

为了让游戏更加完整而精美，在游戏中添加音乐和音效。游戏开始时会自动循环播放背景音乐，而游戏角色交互时则播放相应的动作音效。此外，还对游戏进行用户界面的设计。通过创建各种 GUI 组件对象来构建游戏的图形用户界面，从而让玩家获得更好的游戏体验。

11.2　游戏程序实现

可以将游戏程序的编写分为以下几个任务。

（1）创建游戏场景，实现小鸟飞扬。创建 Sky 类，播放背景音乐；创建 Bird 类，用鼠标控制小鸟飞扬，实现飞扬的动画，模拟下落时的重力效果。

（2）实现场景滚动。创建 Pipe 类，使其朝小鸟飞行的反方向移动；完善 Sky 类，每隔一段时间自动生成水管；完善 Sky 类，滚动背景图像。

（3）完善游戏规则。完善 Bird 类，实现碰撞检测和游戏结束判定；创建 Score 类，统计并显示分数。

（4）添加图形用户界面。创建 GUI 类及子类，添加开始界面和结束界面。

11.2.1　创建场景和角色

1. 创建游戏场景

打开"flappy-bird1"项目，其中创建了 Sky 类，用于表示游戏运行的场景，其图像设置为图片文件"flappy_background.png"。同时为了烘托游戏气氛，事先准备了一段背景音乐，放置在项目文件夹的"sounds"子目录中。游戏开始时会自动播放背景音乐，而且当音乐放完后会循环进行播放。Sky 类的程序代码如下：

```java
/**
 * 天空类，提供游戏进行的场景
 */
public class Sky extends World {
    private GreenfootSound music;          // 场景音乐

    // 构造方法，初始化游戏场景
    public Sky() {
        super(556, 400, 1, false);         // 第 4 个参数为 false，表示角色能够添加到窗口之外
        music = new GreenfootSound("Harder Better Faster Stronger.mp3");
        addActors();
    }

    // 游戏循环，更新游戏逻辑
    public void act() {
        music.playLoop();                  // 播放场景音乐
    }

    // 在场景中添加游戏角色
    private void addActors() {
        Bird bird = new Bird();
        addObject(bird, 291, 207);
    }
}
```

在 Sky 类的构造方法中将游戏场景的大小设置为 556 像素 × 400 像素，这是因为 Greenfoot 会自动使用图片来填充游戏场景，而背景图片文件"flappy_background.png"的

尺寸为 139 像素 × 400 像素，让场景的高度与图片的高度保持一致，而将场景的宽度设为图片宽度的倍数，这样就会形成一幅宽广而连续的游戏背景图像。生成后的游戏场景图像如图 11.2 所示。

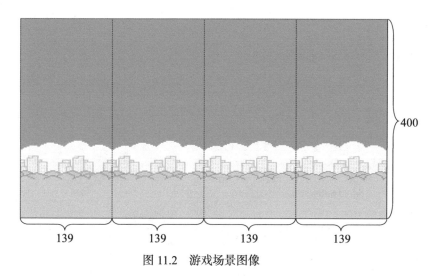

图 11.2　游戏场景图像

可以看到，在 Sky 类中创建了 GreenfootSound 类型的字段 music，并为其载入相应的音乐文件来作为背景音。同时在 act() 方法中调用 GreenfootSound 类的 playLoop() 方法来播放背景音乐，当音乐放完后会从头开始播放。此外，在 Sky 类中还定义了 addActors() 方法，用来向场景中添加角色对象。

2. 实现小鸟飞扬

目前的游戏场景中只添加了一个角色，即小鸟对象。创建 Bird 类表示小鸟，它是游戏的主要角色。小鸟类的代码如下：

```
/**
 * 小鸟类，由玩家控制飞行
 */
public class Bird extends Actor {
    public static final int SPEED = 10;              // 水平速度
    public static final int GRAVITY = 1;             // 重力加速度
    public static final int FLAP_SPEED = -10;        // 飞扬速度
    private int speed = 0;                           // 垂直速度
    private int counter = 0;                         // 动画计数器
    private GreenfootImage fbird1 = new GreenfootImage("flappybird1.png");
    private GreenfootImage fbird2 = new GreenfootImage("flappybird2.png");
    private GreenfootImage fbird3 = new GreenfootImage("flappybird3.png");

    // 游戏循环，更新小鸟的游戏逻辑
```

```java
public void act() {
    animation();
    checkClick();
    flap();
}

// 播放小鸟的飞行动画
public void animation() {
    counter++;
    if (counter == 2) {
        setImage(this.fbird1);
    }
    else if (this.counter == 4) {
        setImage(this.fbird2);
    }
    else if (this.counter == 6) {
        setImage(this.fbird3);
    }
    else if (this.counter == 8) {
        setImage(this.fbird2);
        counter = 0;
    }
}

// 检测鼠标单击事件
private void checkClick() {
    if (Greenfoot.mousePressed(null)) {        // 单击鼠标让小鸟飞扬
        speed = FLAP_SPEED;
    }
}

// 让小鸟飞扬
private void flap() {
    speed = speed + GRAVITY;                   // 垂直速度受重力影响
    setLocation(getX(), getY() + speed);       // 更新坐标位置
    setRotation(speed);                        // 更新旋转角度
}
}
```

Bird 类中定义了多个字段，其中一部分用于小鸟的飞行控制，另一部分用于小鸟的飞行动画。整型常量字段 GRAVITY 和 FLAP_SPEED 分别表示重力加速度及飞扬时的瞬时速度；整型字段 speed 表示小鸟飞行时的垂直方向速度；整型字段 counter 表示动画计数器，播放小鸟飞行动画时会根据它的值来切换小鸟的图像；字段 fbird1、fbird2 和 fbird3 是 GreenfootImage 类型的字段，用来保存飞行动画的图像。小鸟飞行时的三幅图像分别保存在三个图片文件中，如图 11.3 所示。

flappybird1.png　　flappybird2.png　　flappybird3.png

图 11.3　小鸟飞行的图像

此外，Bird 类中还定义了三个方法：animation()、checkClick() 和 flap()。然后在 act() 方法中，依次对这三个方法进行调用，从而实现小鸟飞扬的效果。

animation() 方法用来播放小鸟的飞行动画。在该方法中，首先增加计时器 counter 的值，然后根据它的值来设置不同的图像：当 counter 的值增加到 2 时，将小鸟图像设置为 fbird1，即图 11.3 左边的那幅图像，此时小鸟的翅膀向上扬起；当 counter 的值增加到 4 时，将小鸟图像设置为 fbird2，即图 11.3 中间的那幅图像，此时小鸟的翅膀水平不动；当 counter 的值增加到 6 时，将小鸟图像设置为 fbird3，即图 11.3 右边的那幅图像，此时小鸟的翅膀向下摆动；当 counter 的值增加到 8 时，又将小鸟图像设置为 fbird2，小鸟的翅膀重新放平。自此小鸟的飞行动画便播放完一轮，这时需要将 counter 的值重新设为 0，从而开始下一轮的动画播放。

checkClick() 方法用来检测鼠标单击事件。若检测到玩家单击鼠标，则将小鸟的垂直速度 speed 的值设为 FLAP_SPEED 常量值，相当于给予小鸟一个向上的瞬时速度，从而让小鸟飞扬起来。需要注意的是，由于事件检测程序没有对鼠标的按键进行判定，因此玩家单击鼠标的任一按键（左、中、右键）都能起作用。

flap() 方法用来实现小鸟的飞行控制。该方法执行以下三个动作：首先，将重力加速度 GRAVITY 的值累加到小鸟的垂直速度 speed 上，以此模拟重力对速度施加的影响；其次，根据改变后的垂直速度值来更新小鸟的垂直方向坐标，并调用 Actor 类的 setLocation() 方法进行设置；最后，根据垂直速度值来调整小鸟图像的角度，并调用 Actor 类的 setRotation() 方法进行设置。这样随着小鸟向上或是向下飞行，小鸟的图像也会相应地向上或向下发生倾斜，从而呈现出更加逼真的飞行效果。

编译并运行"flappy-bird1"项目，在游戏场景中单击鼠标来测试一下小鸟飞扬的效果。

11.2.2　实现场景滚动

游戏场景中加入了小鸟角色，也实现了小鸟飞扬的效果。然而，小鸟只能在垂直方向进行上下移动，其水平位置并没有改变，因此还要实现小鸟的水平移动。为了制造小鸟不断向前飞行的效果，可以让游戏的场景进行滚动显示。同时在场景中添加水管角色，并让它们跟随场景一起移动来共同衬托小鸟的水平飞行效果。

1. 添加水管

从图 11.1 中可以看到，水管分为两种类型，一种向上竖立，另一种则向下竖立。为此，可以创建两个类分别表示：BottomPipe 类表示窗口下方的水管，将其图像设置为向上竖立的水管图片；TopPipe 类表示窗口上方的水管，将其图像设置为向下竖立的水管图片。由于它们的移动方式都是相同的，因此没必要重复编写移动的代码。按照面向对象的编程方法，可以创建 Pipe 类作为水管的父类，将 BottomPipe 类和 TopPipe 类设为 Pipe 的子类。这样一来，只需要将水管移动的代码编写在 Pipe 类中，而 BottomPipe 类和 TopPipe 类则可以从 Pipe 类中进行继承，从而避免重复编写代码。水管类的代码如下：

```java
/**
 * 水管类，用来阻止小鸟飞行
 */
public abstract class Pipe extends Actor {
    // 游戏循环，更新游戏逻辑
    public void act() {
        move();
    }

    // 跟随场景进行滚动
    private void move() {
        setLocation(getX() - Bird.SPEED, getY());    // 朝小鸟反方向滚动
        if (getX() <= 0) {                           // 若抵达左边界，则
            getWorld().removeObject(this);           // 从场景中移除
        }
    }
}

/**
 * 窗口下方水管类
 */
public class BottomPipe extends Pipe {

}

/**
 * 窗口上方水管类
 */
public class TopPipe extends Pipe {

}
```

由于 Pipe 类只是作为上、下水管的父类，并不需要生成具体的对象，因此将其定义为抽

象类。在 Pipe 类中定义了 move() 方法，它让水管朝着与小鸟飞行相反的方向水平移动，同时判定水管是否移出窗口边界，若是则将其从游戏场景中移除。而 BottomPipe 类和 TopPipe 类中没有编写任何代码，它们共同继承了 Pipe 类中的 move() 方法和 act() 方法。于是当游戏运行时，上方水管和下方水管便会以相同的速度和方向进行移动。

接下来将水管加入游戏场景中。从图 11.1 中可以看到，上、下水管是成对出现的，游戏每隔一段时间就会生成一对新的水管，而且每次生成的上、下水管的高度都是变化的，因此需要考虑如何生成一对随机高度的水管。为此首先在 Sky 类中定义如下字段：

```
public static final int PIPES_SPACING = 150;      //上、下水管间的距离
public static final int PIPE_MIN_HEIGHT = 50;      //水管的最小高度
```

字段 PIPES_SPACING 规定了上、下水管的间距，而 PIPE_MIN_HEIGHT 字段则规定了水管的最小高度，也就是说，随机生成的水管高度不能小于该字段规定的数值。接下来定义了 addPipePair() 方法，用来生成随机高度的一对水管。代码如下：

```
//添加一对水管，高度随机生成
private void addPipePair() {
    //创建上方水管对象
    TopPipe top = new TopPipe();
    //计算水管最大高度
    int pipeMaxHeight = getHeight() - PIPES_SPACING - PIPE_MIN_HEIGHT;
    //随机生成上方水管高度
    int height1 = PIPE_MIN_HEIGHT + Greenfoot.getRandomNumber(pipeMaxHeight - PIPE_
MIN_HEIGHT);
    //计算上方水管的纵坐标
    int y1 = height1 - top.getImage().getHeight() / 2;
    //将上方水管添加到游戏场景中
    addObject(top, getWidth(), y1);

    //创建下方水管对象
    BottomPipe bottom = new BottomPipe();
    //根据上方水管高度来计算下方水管高度
    int height2 = getHeight() - height1 - PIPES_SPACING;
    //计算下方水管的纵坐标
    int y2 = getHeight() - (height2 - bottom.getImage().getHeight() / 2);
    //将下方水管添加到游戏场景中
    addObject(bottom, getWidth(), y2);
}
```

在 addPipePair() 方法中，通过调用 Greenfoot 类的 getRandomNumber() 方法随机生成了上、下方水管的高度和纵坐标，并将它们添加到游戏场景中。需要注意的是，水管高度本质上就是水管图像的高度，它是一个固定的值。但为了让水管呈现出高低不等的形态，只将水管的一部分显示在游戏窗口中。因此，在 addPipePair() 中所计算的水管高度 height1 和

height2，仅仅表示上、下水管位于窗口中的那部分高度，如图 11.4 所示。通过 height1 和 height2 进一步计算出上、下水管的纵坐标 y1 和 y2，进而将水管添加到游戏场景中的相应位置。

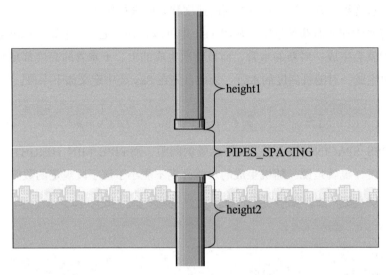

图 11.4　水管高度示意

为了让前后生成的两对水管保持一定的间隔距离，需要控制水管出现的频率。于是在 Sky 类中又创建了如下两个字段：

```
private final int PIPE_INTERVAL = 30;      // 两对水管的间隔距离
private int pipeTimer = 0;                  // 生成下一对水管的时间
```

字段 PIPE_INTERVAL 表示两对水管的间隔距离，而字段 pipeTimer 作为一个延迟变量，用来计算生成下一对水管的时间。接下来在 Sky 类中定义 addPipePairPeriodically() 方法来自动生成水管对，代码如下：

```
// 每隔一段时间自动生成水管
private void addPipePairPeriodically() {
    pipeTimer--;
    if (pipeTimer == 0) {
        addPipePair();
        pipeTimer = PIPE_INTERVAL;
    }
}
```

可以看到，在每次的游戏循环中 pipeTimer 的值减 1，当其值为 0 时调用 addPipePair() 方法来添加一对水管，同时重置 pipeTimer 的值，将其设为 PIPE_INTERVAL 的值。由此可见，PIPE_INTERVAL 的值实际上决定了水管生成的频率。

2. 滚动游戏场景

前面在游戏场景中添加了水管，并使其朝小鸟飞行的反方向移动来衬托小鸟向前飞行。然而目前的背景图像还是固定不动的，这影响了游戏效果。为了制造更好的动态效果，需要让背景图像也移动起来。基本思路是：准备两张与背景图像完全相同的图像，让它们首尾相连地进行显示，同时不断地移动它们的显示坐标，并重新将它们绘制在背景图像上。游戏场景滚动的原理如图 11.5 所示。

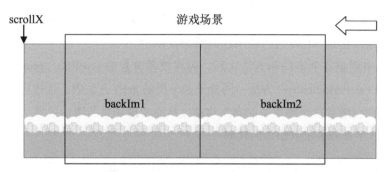

图 11.5　游戏场景滚动原理

为了实现场景滚动，需要在 Sky 类中定义如下字段：

```
private GreenfootImage backIm1,backIm2;          // 保存背景图像
private int scrollX = 0;                         // 水平滚动坐标
private int scrollSpeed = 5;                      // 滚动速度
```

字段 backIm1 和 backIm2 分别表示两幅背景图像；字段 scrollX 表示滚动坐标，它指向图像 backIm1 的最左段，如图 11.5 所示；字段 scrollSpeed 表示滚动速度，即在每次游戏循环中 backIm1 移动的距离。

接下来定义 scrollBackground() 方法来滚动场景，代码如下：

```
// 滚动场景图像
public void scrollBackground() {
    scrollX = (scrollX - scrollSpeed) % getWidth();    // 循环滚动
    resetBackImage();                                  // 重绘背景图像
}
```

由于游戏场景要水平向左进行滚动以衬托小鸟向右的移动，因此在 scrollBackground() 方法中用 scrollX 的值减去 scrollSpeed。与此同时，为了让背景图像的滚动能够循环不断地进行，需要将 scrollX 与 crollSpeed 的差值对场景宽度进行取模操作，以便让背景图像滚动到最左端之后能够从头开始滚动。改变 scrollX 的值之后，程序再调用 resetBackImage() 方法来重新绘制背景图像。resetBackImage() 方法的代码如下：

```java
// 重新设置场景图像
public void resetBackImage() {
    GreenfootImage back = getBackground();               // 获取场景的背景图像
    back.drawImage(backIm1, scrollX, 0);                 // 在背景图像上绘制 backIm1
    back.drawImage(backIm2, scrollX + getWidth(), 0);    // 在背景图像上绘制 backIm2
}
```

在 resetBackImage() 方法中，首先调用 World 类的 getBackground() 方法获取背景图像的引用，并保存在 GreenfootImage 对象 back 中；接着调用 back 对象的 drawImage() 方法，根据 scrollX 的值所指示位置，将 backIm1 绘制在背景图像上；最后将 backIm2 绘制在背景图像上，并使其紧贴着 backIm1 进行绘制，如图 11.5 所示。

在 Sky 类中创建各个字段和方法之后，再将滚动背景的 scrollBackground() 方法和生成水管的 addPipePairPeriodically() 方法一同置于 Sky 类的 act() 方法中。这样当游戏运行时，自动生成的水管便会随着背景图像一起向左移动，从而实现场景的滚动效果。改进后的 Sky 的程序如下（粗体字部分表示新添加的代码）：

```java
/**
 * 天空类，提供游戏进行的场景
 */
public class Sky extends World {
    public static final int PIPES_SPACING = 150;        // 上下水管间的距离
    public static final int PIPE_MIN_HEIGHT = 50;       // 水管的最小高度
    private final int PIPE_INTERVAL = 30;               // 两对水管的间隔距离
    private int pipeTimer = 0;                           // 生成下一对水管的时间
    private int scrollX = 0;                             // 水平滚动坐标
    private int scrollSpeed = 5;                         // 滚动速度
    private GreenfootImage backIm1,backIm2;             // 保存背景图像
    private GreenfootSound music;                        // 场景音乐

    // 构造方法，初始化游戏场景
    public Sky() {
        super(556, 400, 1, false);       // 第4个参数为 false，使得角色能够添加至窗口之外
        pipeTimer = PIPE_INTERVAL * 2;
        backIm1 = backIm2 = new GreenfootImage(getBackground());
        setPaintOrder( Bird.class, Pipe.class);
        music = new GreenfootSound("Harder Better Faster Stronger.mp3");
        addActors();
    }

    // 游戏循环，更新游戏逻辑
    public void act() {
        music.playLoop();                               // 播放场景音乐
        addPipePairPeriodically();                      // 自动添加水管
        scrollBackground();                             // 滚动场景图像
    }
```

```java
    // 每隔一段时间自动生成水管
    private void addPipePairPeriodically() {
        pipeTimer--;
        if (pipeTimer == 0) {
            addPipePair();
            pipeTimer = PIPE_INTERVAL;
        }
    }


    // 添加一对水管，高度随机生成
    private void addPipePair() {
        // 添加上方水管
        TopPipe top = new TopPipe();
        int pipeMaxHeight = getHeight() - PIPES_SPACING - PIPE_MIN_HEIGHT;
        int height1 = PIPE_MIN_HEIGHT + Greenfoot.getRandomNumber(
pipeMaxHeight - PIPE_MIN_HEIGHT);
        int y1 = height1 - top.getImage().getHeight() / 2;
        addObject(top, getWidth(), y1);
        // 添加下方水管
        BottomPipe bottom = new BottomPipe();
        int height2 = getHeight() - height1 - PIPES_SPACING;
        int y2 = getHeight() - (height2 - bottom.getImage().getHeight() / 2);
        addObject(bottom, getWidth(), y2);
    }

    // 重新设置场景图像
    public void resetBackImage() {
        GreenfootImage back = getBackground();
        back.drawImage(backIm1, scrollX, 0);
        back.drawImage(backIm2, scrollX + getWidth(), 0);
    }

    // 滚动场景图像
    public void scrollBackground() {
        scrollX = (scrollX - scrollSpeed) % getWidth();
        resetBackImage();
    }

    // 在场景中添加游戏角色
    private void addActors() {
        Bird bird = new Bird();
        addObject(bird, 291, 207);
    }
}
```

自此，小鸟不仅实现了垂直方向的上下移动，也实现了水平向前的移动，从而获得了非常逼真的飞行效果。编译并运行项目"flappy-bird2"，测试游戏的运行效果。

11.2.3 完善游戏规则

1. 实现小鸟的碰撞检测

目前游戏中已经添加了小鸟和水管角色，并实现了它们的移动。然而，小鸟和水管角色还不能进行交互。作为水管角色来说，一方面通过其不断移动来实现游戏场景的滚动，另一方面水管还作为障碍物用来阻挡小鸟的飞行。若小鸟飞行时碰撞到水管，则游戏结束。因此，需要对小鸟与水管进行碰撞检测与处理。

此外，还要对小鸟与地面进行碰撞检测，当小鸟下落时碰到地面，也需要结束游戏。用游戏窗口的下边界表示地面，于是可以判定若小鸟超出了窗口下边界则游戏结束。下面在Bird 类中添加 isHitted() 方法来实现小鸟的碰撞检测。代码如下：

```java
// 检测小鸟是否受到冲撞
private boolean isHitted() {
    if (isTouching(Pipe.class)) {                                      // 撞上水管
        Greenfoot.playSound("hitpipe.mp3");
        return true;
    }
    if (getY() >= getWorld().getHeight() - getImage().getHeight() / 2) {  // 撞上地面
        Greenfoot.playSound("hitground.mp3");
        return true;
    }
    return false;
}
```

在 isHitted() 方法中，分别对小鸟与水管、小鸟与地面进行碰撞检测，当判定碰撞发生时则播放相应的碰撞音效，并返回 true 值，否则返回 false 值。此外，Bird 类还定义了方法checkCollision() 用来进行碰撞处理，代码如下：

```java
// 检测到碰撞后进行处理
public void checkCollision(){
    if (isHitted()) {
        Sky sky = (Sky) getWorld();
        sky.gameOver();
    }
}
```

在 checkCollision() 方法中若是检测到碰撞发生，则调用 Sky 类的 gameOver() 方法来结束游戏。Sky 类中新添加的 gameOver() 方法的代码如下：

```java
// 游戏结束
public void gameOver() {
    music.stop();
    Greenfoot.stop();
}
```

在 gameOver() 方法中，首先调用 GreenfootSound 对象 music 的 stop() 方法停止播放背景音乐，然后调用 Greenfoot 类的 stop() 方法来停止游戏运行。

2. 实现计分功能

为了对玩家的游戏成绩进行统计，可以给游戏添加计分功能。计分规则是：每当玩家操纵小鸟飞越一对水管，则分数值加 1。为此，创建 Score 类，用来统计分数并进行显示。Score 类的代码如下：

```
/**
 * 计分对象，用来显示游戏分数
 */
public class Score extends Actor {
    GreenfootImage newImage;

    // 构造方法，初始化计分对象
    public Score() {
        newImage = new GreenfootImage(80, 120);
        setScore(0);
    }

    // 显示游戏分数
    public void setScore(int score) {
        newImage.clear();
        Font f = new Font("Comic Sans MS", 0, 34);    // 设置字体
        newImage.setFont(f);
        newImage.drawString("" + score, 30, 30);       // 显示分数
        setImage(newImage);
    }
}
```

在 Score 类的构造方法中，为分数对象设置了图像，同时调用 setScore() 方法显示分数。

接下来需要对得分的条件进行判定。具体来说，只有当小鸟从上、下两根水管之间穿过时，才能判定为玩家得分。因此，问题的关键在于如何判定小鸟飞越了一对水管。在这里，可以借助一个"隐形条"对象来实现得分判定，即在上、下水管之间的空间里放置一个透明的对象，它没有具体的图像，仅仅用来进行碰撞检测。当小鸟从水管间飞越时，必然会与该隐形条对象发生碰撞，此时便可判定玩家获得分数。隐形对象如图 11.6 所示。

接下来，创建隐形条类 HideLine 用来进行得分的判定。由于隐形条仅用来进行碰撞检测，因此无须对其编写代码。在 Sky 类创建隐形条对象，并将其添加至上、下两对水管之间的空白处。因此，将 Sky 类的 addPipePair() 方法进行如下修改（粗体字表示新添加的代码）：

```
// 添加一对水管，高度随机生成
private void addPipePair() {
    // 添加上方水管
```

```
        TopPipe top = new TopPipe();
        int pipeMaxHeight = getHeight() - PIPES_SPACING - PIPE_MIN_HEIGHT;
        int height1 = PIPE_MIN_HEIGHT + Greenfoot.getRandomNumber(pipeMaxHeight -
PIPE_MIN_HEIGHT);
        int y1 = height1 - top.getImage().getHeight() / 2;
        addObject(top, getWidth(), y1);
        // 添加下方水管
        BottomPipe bottom = new BottomPipe();
        int height2 = getHeight() - height1 - PIPES_SPACING;
        int y2 = getHeight() - (height2 - bottom.getImage().getHeight() / 2);
        addObject(bottom, getWidth(), y2);
        // 添加隐形条
        int y3 = height1 + PIPES_SPACING / 2 - 1;
        addObject(new HideLine(), getWidth() - top.getImage().getWidth() / 2, y3);
    }
```

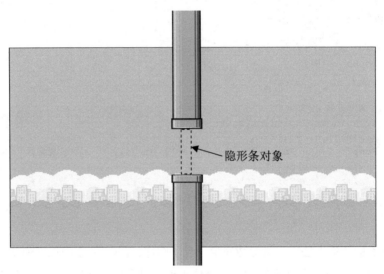

隐形条对象

图 11.6　隐形条对象示意

在 addPipePair() 方法中，首先根据上方水管高度 height1 的值，以及上、下水管的间距 PIPES_SPACING 值来计算出隐形条的纵坐标，并根据该坐标将隐形条对象添加到游戏场景的适当位置处。

接下来需要对隐形条的移动进行处理。由于隐形条始终位于上、下水管之间，因此它需要跟随水管以同样的速度和方向进行移动。按照面向对象的思想，可以为隐形条和水管类创建一个共同的父类 Scroller，然后将 Pipe 类中定义的 move() 方法和 act() 方法转移到 Scroller 类中，最后再让隐形条和水管类分别继承 Scroller 类。这样在游戏运行时，隐形条和水管便会执行相同的 move() 方法，从而以同步的方式进行移动。类继承关系如图 11.7 所示。

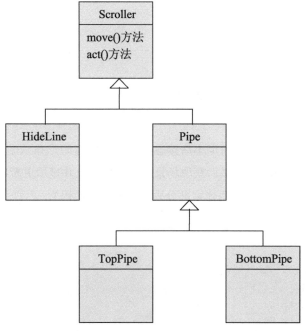

图 11.7　Scorller 类继承关系

由于 Scroller 类只是作为隐形条和水管类的父类，并不需要进行实例化，因此可将其定义为抽象类。Scroller 类的代码如下：

```
/**
 *  滚动体类，用来滚动显示
 */
public abstract class Scroller extends Actor {

    // 游戏循环，更新游戏逻辑
    public void act() {
        move();
    }

    // 跟随场景进行滚动
    private void move() {
        setLocation(getX() - Bird.SPEED, getY());    // 朝小鸟飞行的反方向滚动
        if (getX() <= 0) {                           // 若抵达左边界，则
            getWorld().removeObject(this);           // 从游戏场景移除
        }
    }
}
```

最后，修改 Bird 类代码，加入分数字段 score 以及用于判定得分的 checkScore() 方法。代码如下：

```
// 检测是否取得分数
private void checkScore() {
    if (isTouching(HideLine.class)) {            // 若接触隐形条，则
        removeTouching(HideLine.class);          // 移除隐形条
        score++;                                 // 分数值加 1
        Object obj = getWorld().getObjects(Score.class).get(0);
        ((Score)obj).setScore(score);            // 显示分数
    }
}
```

在 checkScore() 方法中，若判定小鸟接触隐形条，则将隐形条从游戏场景中移除（避免重复加分），然后将分数值加 1，最后获取场景中的分数对象并显示更新后的得分。

改进后的 Bird 类代码如下（粗体字部分表示新添加的代码）：

```
/**
 * 小鸟类，由玩家控制飞行
 */
public class Bird extends Actor {
    public static final int GRAVITY = 1;            // 重力加速度
    public static final int SPEED = 10;             // 水平速度
    public static final int FLAP_SPEED = -10;       // 飞扬速度
    private GreenfootImage fbird1 = new GreenfootImage("flappybird1.png");
    private GreenfootImage fbird2 = new GreenfootImage("flappybird2.png");
    private GreenfootImage fbird3 = new GreenfootImage("flappybird3.png");
    private int speed = 0;                          // 垂直速度
    private int score = 0;                          // 分数
    private int counter = 0;                        // 动画计数器

    // 游戏循环，更新小鸟的游戏逻辑
    public void act() {
        animation();
        checkClick();
        flap();
        checkCollision();
        checkScore();
    }

    // 播放小鸟的飞行动画
    public void animation() {
        counter ++;
        if (counter == 2) {
            setImage(fbird1);
        }
        else if (counter == 4) {
            setImage(fbird2);
        }
        else if (counter == 6) {
```

```
            setImage(fbird3);
        }
        else if (counter == 8) {
            setImage(fbird2);
            counter = 0;
        }
    }


    // 检测鼠标单击事件
    private void checkClick() {
        if (Greenfoot.mousePressed(null)) {        // 单击鼠标左键让小鸟飞扬
            speed = FLAP_SPEED;
        }
    }


    // 让小鸟飞扬
    private void flap() {
        speed = speed + GRAVITY;                   // 垂直速度受重力影响
        setLocation(getX(), getY() + speed);       // 更新坐标位置
        setRotation(speed);                        // 更新旋转角度
    }

    // 检测小鸟是否受到冲撞
    private boolean isHitted() {
        if (isTouching(Pipe.class)) {              // 撞上水管
            Greenfoot.playSound("hitpipe.mp3");
            return true;
        }
        if (getY() >= getWorld().getHeight() - getImage().getHeight() / 2) { // 撞上地面
            Greenfoot.playSound("hitground.mp3");
            return true;
        }
        return false;
    }

    // 碰撞检测
    public void checkCollision() {
        if (isHitted()) {                          // 若受到冲撞，则游戏结束
            Sky sky = (Sky) getWorld();
            sky.gameOver();
        }
    }

    // 检测是否取得分数
    private void checkScore() {
```

```
        if (isTouching(HideLine.class)) {          // 若接触隐形条则加分
            removeTouching(HideLine.class);
            score++;
            Object obj = getWorld().getObjects(Score.class).get(0);
            ((Score)obj).setScore(score);
        }
    }
}
```

编译并运行项目"flappy-bird3"，测试游戏的运行效果。

11.2.4 添加图形用户界面

最后实现游戏的图形用户界面。用 GUI 类来表示图形用户界面，它包含以下几个子类：
标题类（Title），用于显示游戏名称；准备提示类（Ready），用于提示游戏准备开始；开始按
钮类（Start），用于启动游戏；结束提示类（GameOver），用于显示游戏结束的提示。相应的
图片资源如图 11.8 所示。

start_button.png   title.png   game_over.png   get_ready.png

图 11.8　GUI 图片文件

在程序方面，除了开始按钮类 Start 中需要编写单击事件之外，其他各类仅用来显示界
面图像，因此并不需要编写代码。Start 类的代码如下：

```
/**
 * 游戏开始对象，用作游戏开始按钮
 */
public class Start extends GUI {
    public void act() {
        if ((Greenfoot.mouseClicked(this))) {    // 鼠标单击，游戏开始
            Sky.isPaused = false;
            getWorld().removeObjects(getWorld().getObjects(GUI.class));
            Greenfoot.playSound("start.mp3");
        }
    }
}
```

在 Start 类的 act() 方法中，判断是否有鼠标单击按钮，若有则开始游戏。游戏开始后需

要将所有的 GUI 对象从场景中移除，同时播放游戏开始的音效。此外为了控制游戏的运行状态，还在 Sky 类中创建了一个布尔型字段 isPaused，当单击开始按钮时将其值设为 false。同时对 Sky 类的 act() 方法进行如下修改（粗体字部分表示新添加的代码）：

```
// 游戏循环，更新游戏逻辑
public void act() {
    if (!isPaused) {
        music.playLoop();                    // 播放场景音乐
        addPipePairPeriodically();           // 添加水管
        scrollBackground();                  // 滚动场景图像
    }
}
```

这样一来，只有当 isPaused 值为 false 时游戏才能运行。也就是说，只有当玩家用鼠标单击开始按钮时才能启动游戏。

接下来对 Sky 类的 addActors() 方法进行修改，在其中创建各个 GUI 对象，并添加到游戏场景的适当位置处，以此作为游戏的初始界面。代码如下（粗体字部分表示新添加的代码）：

```
// 在场景中添加游戏角色
private void addActors() {
    Title title = new Title();
    addObject(title, 301, 72);
    Ready ready = new Ready();
    addObject(ready, 303, 204);
    Start start = new Start();
    addObject(start, 300, 345);
    Bird bird = new Bird();
    addObject(bird, 291, 207);
    Score score = new Score();
    addObject(score, 55, 387);
}
```

最后修改 Sky 类的 gameOver() 方法，添加游戏结束提示对象。代码如下（粗体字部分表示新添加的代码）：

```
// 游戏结束
public void gameOver() {
    music.stop();
    addObject(new GameOver(), getWidth() / 2, getHeight() / 2);
    Greenfoot.stop();
}
```

编译并运行项目"flappy-bird4"，可以看到添加 GUI 对象后的游戏运行界面，如图 11.9 所示。

图 11.9　游戏的初始界面

11.3　游戏扩展练习

前面已实现了飞扬的小鸟游戏的全部基本功能，总体来说这款游戏实现得比较完整，基本上和原作的游戏效果保持一致。然而作为练习的目的，仍然可以对游戏进行改进，下面提供一些改进和扩展的思路。

（1）为游戏提供难度的选择。在这款游戏中，水管是场景中的主要障碍物，因此游戏难度取决于水管出现的位置及频率。一方面，若上、下两根水管间的空间越小，则小鸟飞越水管的难度就越大；另一方面，若前、后两对水管的间隔距离越小，则小鸟连续穿越水管的难度也会越大。因此可以从以上两方面来控制游戏的难度。

具体来说，可以调整 Bird 类的字段 PIPES_SPACING 和 PIPE_INTERVAL 的值，前者决定了上、下两根水管的间距，而后者决定了前、后两对水管的间距。可以将这两个字段的值进行不同的组合，从而形成不同的难度级别。同时在游戏初始界面里加入选择按钮，用来选择相应的难度级别。此外，为了鼓励玩家去挑战更高的难度，可以为不同难度级别下的游戏设计不同的计分规则，例如难度级别为 1 时小鸟飞越一对水管只能得一分，而难度为 2 时则可以得两分，等等。

（2）提供游戏积分榜。虽然游戏实现了计分功能，但由于游戏并没有提供一个可供达成的具体目标，只是要求玩家不断地飞越障碍，因此还不足以提高游戏对玩家的吸引力。需要设计某种机制来激励玩家反复进行游戏，不断超越之前的成绩。可以考虑为游戏添加积分榜，即把玩家所取得的分数记录下来，并对分数进行排名和显示。

为了实现游戏积分榜，首先需要创建一个集合对象来保存玩家每次游戏所取得的分数，然后对玩家的分数进行排序，并按照分数的大小顺序保存在集合对象中。最后在游戏结束时，将排序后的分数依次显示在程序窗口的中央。

（3）设计多人游戏模式。飞扬的小鸟从诞生之时起就不断被世界各地的开发者进行模仿和改进，游戏不仅被移植到各大平台，而且在玩法上也不断创新。它甚至被设计成了一款多人在线游戏，玩家进入游戏的网页并输入名字之后，就可以和其他成千上万的玩家一起游戏。在游戏的过程中，甚至还可以看到他人的游戏进度，并实时和他人进行较量，看谁坚持的时间最长。

可以采用类似的思路来设计多人游戏模式。例如为游戏添加其他小鸟角色，并由不同玩家进行控制。当然，最简单的情形是双人游戏模式，即在游戏场景中添加两只小鸟，让两个玩家分别操纵各自的小鸟共同穿越障碍物，哪个玩家飞越的水管更多则获取游戏的胜利。这实际上是为游戏引入了竞争机制，通过真人之间的比拼来提高游戏的挑战性和可玩性。

在程序设计方面，实现双人游戏并不复杂。首先创建一个新的小鸟对象并添加到游戏场景中，并为其添加相应的事件处理程序。例如希望另一个新玩家通过键盘的空格键来控制小鸟，则可对键盘的空格键进行按键处理，当新玩家按下空格键则让小鸟飞扬起来。此外，还需要再添加一个分数对象，用来记录新玩家的分数。至于两个小鸟的移动规则和碰撞检测程序则完全一致。

第五篇

棋牌类游戏设计

第 12 章

黑白棋游戏

黑白棋是 19 世纪末英国人发明的经典棋类游戏。黑白棋棋子每枚由黑白两色组成，一面白，一面黑，共 64 枚。黑白棋的棋盘是一个有 8×8 个方格的棋盘，下棋时将棋子下在空格中间，而不是像围棋一样下在交叉点上。开始时在棋盘正中有两白两黑四枚棋子交叉放置，黑棋总是先下子。

下棋时把自己颜色的棋子放在棋盘的空格上，若是自己放下的棋子在横、竖、斜 8 个方向上还有一枚自己的棋子，则被夹在中间的对方全部棋子将会翻转成为自己的棋子。而且规定，只有在可以翻转棋子的地方才能下子。如果玩家在棋盘上没有任何地方可以下子，则该玩家的对手可以连下。而当双方都没有棋子可以下时棋局结束，最后以棋子数目来计算胜负，棋子多的一方获胜。

黑白棋游戏运行界面如图 12.1 所示。

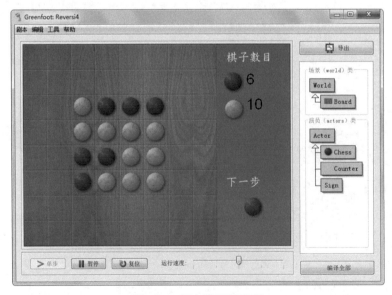

图 12.1　黑白棋游戏界面

12.1 游戏整体设计

首先需要为游戏设计场景和角色。对于黑白棋游戏，游戏角色就是黑色和白色的棋子，而游戏场景则是棋盘，在其中可以放置棋子。于是游戏需要设置两个基本的类：棋子类（Chess）和棋盘类（Board）。此外，为了提示下一步轮到哪一方下棋，可以设置标记类（Sign）。而为了对棋盘上的黑、白棋子总数进行统计，可以设置计数类（Counter）。

接下来考虑游戏规则的设计。作为棋类游戏，游戏规则即下棋的规则。对于黑白棋来说，主要考虑以下几个问题：

（1）如何在棋盘上放置一枚棋子？

（2）如何实现黑、白双方轮流下棋？

（3）如何按照黑白棋的规则来下棋？

（4）如何统计棋子的数目？

对于第（1）个问题，首先需要获取落子的位置，然后在该位置放上一个棋子对象。例如可以通过鼠标来下棋，当单击棋盘上某个空格，则在该空格处放置一枚棋子。

对于第（2）个问题，通过标记变量来实现。可以设置一个布尔变量用来标记下棋的双方，当其值为 true 表示白子，为 false 表示黑子。在下棋时则根据该布尔变量的值来判断当前轮到哪一方下棋，然后在棋盘上放置相应颜色的棋子。每当下完一枚棋子，则将布尔变量的值取反，从而实现黑子和白子的轮流下棋。

对于第（3）个问题，涉及判断落子的位置是否有效，这需要根据黑白棋的游戏规则进行判断。具体来说，针对当前的落子位置，依次判断各个方向上能否形成翻转，若能则说明落子位置有效，可以放置棋子；若不能则落子位置无效，不能放置棋子。

对于第（4）个问题，需要分别为黑子和白子设置计数变量。由于下棋后可能造成棋子的翻转，因此每轮下棋后的棋子数目都可能发生变化。于是，每当下完一枚棋子，便需要重新统计棋盘上黑子和白子的总数，并将统计后的数值显示在屏幕上。

12.2 游戏程序实现

基于 12.1 节的考虑和设计，将游戏的实现分解为以下几个小任务，然后逐步实现。

（1）创建棋盘和棋子。创建 Board 类和 Chess 类，在棋盘上添加初始棋子。

（2）实现下棋操作。完善 Board 类，通过单击来下棋，实现双方轮流下棋。

（3）设置下棋规则。完善 Board 类，添加方法来检查某个位置能否下棋，并实现翻棋操作。

（4）添加提示信息。创建 Sign 类提示下一步的棋子；创建 Counter 类，显示棋子数目。

（5）完善游戏规则。完善 Board 类，实现对游戏结束的判断，显示游戏结束的文字。

12.2.1　创建棋盘和棋子

创建一个新的游戏项目，将所有的图片文件复制到该项目所在文件夹下的 images 子目录中。然后创棋盘类 Board 和棋子类 Chess。在 Greenfoot 自带的 World 类上创建一个子类，命名为 Board，将其图像设置为事先准备好的棋盘图片；在 Actor 类上创建一个子类，命名为 Chess，并选择棋子图片作为其角色图像。

接着为 Chess 类编写如下代码：

```
/**
 * 棋子类，用来表示棋盘中的棋子
 */
public class Chess extends Actor {
    // 构造方法，设置棋子的图像
    public Chess(boolean color) {
        if (color) {
            setImage("white.png");
        } else {
            setImage("black.png");
        }
    }
}
```

棋子类的构造方法中传入了一个布尔型的变量作为参数，若它的值为 true，则将棋子图像设置为白色棋子的图片；若为 false，则设为黑色棋子的图片。

下面为 Board 类编写代码。首先为其定义如下字段：

```
private int[][] value = new int[8][8]; // 记录棋盘中的棋子, 1 为白子, 0 为黑子, -1 为空白
```

字段 value 是一个整型的二维数组变量，用于来记录棋盘中各方格的棋子信息。由于棋盘由 8×8 个方格组成，因此 value 数组的大小也是 8×8。每个数组单元与棋盘上的每个方格一一对应：若某个数组单元的值为 1 表示其对应的方格中放置了白子；为 0 表示放置了黑子；为 -1 表示该方格为空白，即没有放置棋子。

接下来编写 Board 类的构造方法。首先调用 super() 方法来初始化棋盘，代码如下：

```
super(11, 8, 50);    // 创建 11×8 个方格的棋盘, 每个方格尺寸为 50 像素 ×50 像素
```

该方法创建了 11×8 个方格的游戏场景，每个方格尺寸为 50 像素 × 50 像素。实际上棋盘在水平方向只占据 8 个方格，之所以将场景宽度设置为 11 个方格大小，是因为场景图像除了左侧的棋盘区域，还包含右侧的提示信息区域，如图 12.1 所示。

接下来对 value 数组进行初始化，并在棋盘中添加几枚棋子作为游戏的初始界面。Board 类的完整代码如下：

```
/**
 * 棋盘类，用来提供下棋的场所
 */
public class Board extends World {
    private int[][] value = new int[8][8];    // 记录棋子，1 为白子，0 为黑子，-1 为空白

    // 构造方法，初始化棋盘
    public Board() {
        super(11, 8, 50);      // 创建 11×8 个方格的棋盘，每个方格尺寸为 50 像素 ×50 像素
        // 初始化 value 数组
        for (int i = 0; i < 8; i++) {
            for (int j = 0; j < 8; j++) {
                value[i][j] = -1;
            }
        }
        value[3][3] = 1;
        value[4][3] = 0;
        value[3][4] = 0;
        value[4][4] = 1;
        // 添加初始的四枚棋子
        addObject(new Chess(true), 3, 3);
        addObject(new Chess(false), 4, 3);
        addObject(new Chess(false), 3, 4);
        addObject(new Chess(true), 4, 4);
    }
}
```

编译并运行项目"Reversi1"，可以看到图 12.2 所示的游戏初始界面。

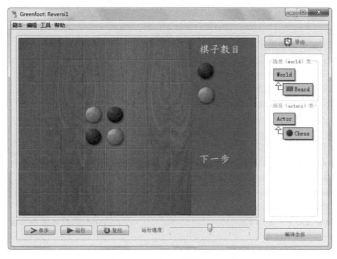

图 12.2　游戏的初始界面

12.2.2 实现下棋操作

相比于使用键盘，通过鼠标来下棋会更加便于操作，因为鼠标可以直接对棋盘某个方格进行单击，以此来决定落子的位置。于是可以对鼠标的单击事件进行处理，当玩家单击某个空白方格时，便在该处放置一枚棋子。

与此同时，下黑子和下白子的操作能够交替进行。根据 12.1 节中的分析，定义一个布尔变量 color 来表示棋子的颜色，其值为 false 表示当前下黑子，为 true 则表示下白子。

在 Board 类的 act() 方法中实现了下棋的操作。改进后的 Board 类代码如下（粗体字部分表示新添加的代码）：

```java
/**
 * 棋盘类,用来提供下棋的场所
 */
public class Board extends World{
    private int[][] value = new int[8][8];    // 记录棋子,1 为白子,0 为黑子,-1 为空白
    private boolean color = false;            // 标示棋子颜色,true 为白子,false 为黑子

    // 构造方法,初始化棋盘
    public Board() {
        super(11, 8, 50);    // 创建 11×8 个方格的棋盘,每个方格尺寸为 50 像素×50 像素
        // 初始化 value 数组
        for (int i = 0; i < 8; i++) {
            for (int j = 0; j < 8; j++) {
                value[i][j] = -1;
            }
        }
        value[3][3] = 1;
        value[4][3] = 0;
        value[3][4] = 0;
        value[4][4] = 1;
        // 添加初始的四枚棋子
        addObject(new Chess(true), 3, 3);
        addObject(new Chess(false), 4, 3);
        addObject(new Chess(false), 3, 4);
        addObject(new Chess(true), 4, 4);
    }

    public void act() {
        MouseInfo mouse = Greenfoot.getMouseInfo();
        if (Greenfoot.mouseClicked(this)) { // 单击鼠标来下棋
            int x = mouse.getX();
            int y = mouse.getY();
            if (x >= 8) {                        // 确保下棋的区域不要超过棋盘范围
                return;
            }
            if (value[x][y] == -1 ) {            // 若棋盘上某个方格无棋子,则可下棋
```

```
        if (color) {                          //若color值为true，下白子
            value[x][y] =1;
            addObject(new Chess(true), x, y);
        } else {                              //若color值为false，下黑子
            value[x][y] = 0;
            addObject(new Chess(false), x, y);
        }
        color = !color;                       // 切换棋子颜色，实现轮流下棋
    }
  }
 }
}
```

在 act() 方法中，首先判断是否发生了鼠标单击事件，若是则获取鼠标单击处的坐标。由于场景宽度是大于棋盘宽度的，因此要保证鼠标所单击的位置在棋盘范围内（即水平坐标 x 的值要小于 8）。

接下来判断鼠标单击的方格是空白的，否则不能落子。而这只需要对该方格对应的 value 数组单元的值进行判断，若其值为 -1 则表示该方格为空白的。

最后要将棋子放置在棋盘上。根据 color 的值来决定下黑子还是下白子，然后根据棋子颜色来修改 value 数组单元的值，同时创建相应颜色的棋子对象，并将其添加到棋盘的指定位置。需要注意的是，在执行完下棋操作后，还需要将 color 的值取反，以表示切换棋子的颜色，从而实现黑白双方轮流下棋。

编译并运行项目 "Reversi2"，测试下棋操作的效果。试着单击棋盘上的空白方格，可以看到实现下棋操作后的游戏界面，如图 12.3 所示。

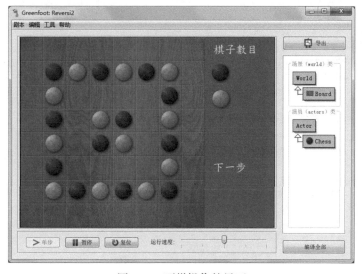

图 12.3 下棋操作的界面

12.2.3 设置下棋规则

目前虽然实现了下棋操作，但是并不符合黑白棋的游戏规则。从图 12.3 中可以看到，夹在两枚黑棋之间的白棋没有进行翻转，反之亦然。实际上，一步合法的走棋包括：在一个空格新落下一枚棋子，并且翻转对手一枚或多枚棋子。具体来说，新落下的棋子与棋盘上已有的同色棋子间，对方被夹住的所有棋子都要翻转过来。可以是横着夹，竖着夹，或是斜着夹，但是夹住的位置上必须全部是对手的棋子，不能有空格。任何被夹住的棋子都必须被翻转过来，棋手无权选择不去翻某枚棋子。

接下来为游戏添加下棋规则的判断。在 Board 类中定义 checkValid() 方法来检查某一步棋是否合法。该方法返回一个布尔类型的值，若判断走棋合法则返回 true，否则返回 false。由于横、竖、斜 8 个方向都可能发生翻棋操作，因此需要对各个方向逐一进行检查。首先对落子位置的上方进行检查。在 checkValid() 中添加如下代码：

```
// 判断下棋的位置是否有效
public boolean checkValid(int x, int y) {
    int chessValue;
    boolean valid = false;
    if (color) {
        chessValue = 1;
    } else {
        chessValue = 0;
    }
    //检查上方
    //判断上方是否到达边界 y-1 > 0
    //判断上方是否有子 value[x][y-1] > -1
    //判断上方棋子是否为对方 value[x][y-1] != chessValue
    if (y-1 > 0 && value[x][y-1] > -1 && value[x][y-1] != chessValue) {
        //往上检查是否有我方棋子围住，若有，则吃子并下棋
        int c = 2;
        while (y-c >= 0) {
            if (value[x][y-c] == chessValue) {
                valid = true;
                if (!isPlayed) break;
                for (int i = 1; i < c; i++) {
                    eatChess(x, y-i);
                }
                break;
            }else if (value[x][y-c] == -1) {
                break;
            }
            else {
                c++;
            }
        }
    }
```

```
    }
    // 检查其他方向
    ......
    ......
    return valid;
}
```

在 checkValid () 方法中，首先定义局部变量 chessValue 用来记录当前所下棋子的数值，并根据棋子的颜色分别赋值为 1 或 0。同时定义 valid 变量用来标示下棋操作是否合法，其初始值为 false。若检查到某个方向存在合法操作，则将其赋值为 true。在 checkValid () 方法的最后，将返回 valid 的值作为整个方法的返回值。

接下来以上方的检查为例，来说明如何判断当前走棋是否合法，即是否可以执行翻棋操作。首先需要满足以下基本条件：第一，落子处不能太靠近棋盘的上边界，至少需要相距两个空格，以保证至少可以翻转上方的一枚棋子；第二，落子处的上方相邻的空格中存在棋子，而且必须是不同颜色的棋子。

若上述条件具备，则循环不断地向上进行检查，直到发现一枚与所下棋子的颜色相同的棋子，此时将 valid 的值置为 true，并跳出循环检查；若一直检查到棋盘的上边界都没发现颜色相同的棋子，或是检查时发现了空白的方格，则终止向上的检查，此时 valid 的值仍为 false。

相类似，逐一对其他 7 个方向进行检查。当检查完所有的方向后，需要返回 valid 的值作为 checkValid () 方法的返回值。

除此之外，在检查到合法走棋的同时要进行翻棋，即将夹在两枚相同颜色棋子间的所有不同颜色棋子都翻转过来。然而，只有当玩家确实执行了下棋操作时才能翻棋。为此，在 Board 中定义了布尔型字段 isPlayed，用来标记是否执行了下棋操作。在 checkValid () 方法中，若是检查到合法走棋，还需要进一步判断 isPlayed 的值，只有其值为 true 时才能进行翻棋。定义 eatChess() 方法来实现翻棋动作（也可看作吃掉对方棋子），代码如下：

```
// 吃掉对方棋子
public void eatChess(int x, int y) {
    List<Chess> chess = getObjectsAt(x, y, Chess.class);
    if (color) {                    // 吃掉黑子
        value[x][y] = 1;
        chess.get(0).setImage("white.png");
    } else {                        // 吃掉白子
        value[x][y] = 0;
        chess.get(0).setImage("black.png");
    }
}
```

在 eatChess() 方法中传入棋子的坐标值作为参数，并获取该坐标位置上的棋子对象。接着将棋子的颜色设置为不同的颜色，同时修改与该坐标对应的 value 数组单元的值。

最后对 Board 类的 act() 方法做一些修改，在鼠标单击事件处理程序中加入合法走棋的判断。改进后的 Board 类代码如下（粗体字部分表示新添加的代码）：

```
/**
 * 棋盘类，用来提供下棋的场所
 */
public class Board extends World{
    private int[][] value = new int[8][8]; // 记录棋子，1 为白子，0 为黑子，-1 为空白
    private boolean color = false;         // 标示棋子颜色，true 为白子，false 为黑子
    private boolean isPlayed = false;      // 标记是否执行下棋操作

    // 构造方法，初始化棋盘
    public Board() {
        super(11, 8, 50);   // 创建 11×8 个方格的棋盘，每个方格尺寸为 50 像素 × 50 像素
        // 初始化 value 数组
        for (int i = 0; i < 8; i++) {
            for (int j = 0; j < 8; j++) {
                value[i][j] = -1;
            }
        }
        value[3][3] = 1;
        value[4][3] = 0;
        value[3][4] = 0;
        value[4][4] = 1;
        // 添加初始的 4 枚棋子
        addObject(new Chess(true), 3, 3);
        addObject(new Chess(false), 4, 3);
        addObject(new Chess(false), 3, 4);
        addObject(new Chess(true), 4, 4);
    }

    public void act() {
        MouseInfo mouse = Greenfoot.getMouseInfo();
        if (Greenfoot.mouseClicked(this)) {   // 单击鼠标来下棋
            int x = mouse.getX();
            int y = mouse.getY();
            if (x >= 8) {                      // 确保下棋的区域不要超过棋盘范围
                return;
            }
            isPlayed = true;                   // 开始下棋操作
            // 若棋盘上某个方格无棋子且下棋位置有效，则可下棋
            if (value[x][y] == -1 && checkValid(x, y)) {
                if (color) {                   // 下白子
                    value[x][y] =1;
                    addObject(new Chess(true), x, y);
                } else {                       // 下黑子
```

```
                    value[x][y] =0;
                    addObject(new Chess(false), x, y);
                }
                color = !color;                    // 交换下棋双方
            }
            isPlayed = false;                       // 结束下棋操作
        }
    }


// 判断下棋的位置是否有效
public boolean checkValid(int x, int y) {
    int chessValue;
    boolean valid = false;
    if (color) {
        chessValue = 1;
    } else {
        chessValue = 0;
    }
    // 检查上方
    // 判断上方是否到达边界 y-1 > 0
    // 判断上方是否有子 value[x][y-1] > -1
    // 判断上方棋子是否为对方 value[x][y-1] != chessValue
    if (y-1 > 0 && value[x][y-1] > -1 && value[x][y-1] != chessValue) {
        // 往上检查是否有我方棋子围住，若有，则吃子并下棋
        int c = 2;
        while (y-c >= 0) {
            if (value[x][y-c] == chessValue) {
                valid = true;
                if (!isPlayed) break;
                for (int i = 1; i < c; i++) {
                    eatChess(x, y-i);
                }
                break;
            }else if (value[x][y-c] == -1) {
                break;
            }
            else {
                c++;
            }
        }
    }
    // 检查下方
    // 判断下方是否到达边界 y+1 < 7
    // 判断下方是否有子 value[x][y+1] > -1
    // 判断下方棋子是否为对方 value[x][y+1] != chessValue
    if (y+1 < 7 && value[x][y+1] > -1 && value[x][y+1] != chessValue) {
        // 往下检查是否有我方棋子围住，若有，则吃子并下棋
        int c = 2;
        while (y+c < 8) {
            if (value[x][y+c] == chessValue) {
```

```
                    valid = true;
                    if (!isPlayed) break;
                    for (int i = 1; i < c; i++) {
                        eatChess(x, y+i);
                    }
                    break;
                }else if (value[x][y+c] == -1) {
                    break;
                }
                else {
                    c++;
                }
            }
        }
    }
    // 检查左方
    // 判断左方是否到达边界 x-1 > 0
    // 判断左方是否有子 value[x-1][y] > -1
    // 判断左方棋子是否为对方 value[x-1][y] != chessValue
    if (x-1 > 0 && value[x-1][y] > -1 && value[x-1][y] != chessValue) {
        // 往左检查是否有我方棋子围住，若有，则吃子并下棋
        int c = 2;
        while (x-c >= 0) {
            if (value[x-c][y] == chessValue) {
                valid = true;
                if (!isPlayed) break;
                for (int i = 1; i < c; i++) {
                    eatChess(x-i, y);
                }
                break;
            }else if (value[x-c][y] == -1) {
                break;
            }
            else {
                c++;
            }
        }
    }
    // 检查右方
    // 判断右方是否到达边界 x+1 < 7
    // 判断右方是否有子 value[x+1][y] > -1
    // 判断右方棋子是否为对方 value[x+1][y] != chessValue
    if (x+1 < 7 && value[x+1][y] > -1 && value[x+1][y] != chessValue) {
        // 往右检查是否有我方棋子围住，若有，则吃子并下棋
        int c = 2;
        while (x+c < 8) {
            if (value[x+c][y] == chessValue) {
                valid = true;
                if (!isPlayed) break;
                for (int i = 1; i < c; i++) {
                    eatChess(x+i, y);
```

```
                }
                break;
            }else if (value[x+c][y] == -1) {
                break;
            }
            else {
                c++;
            }
        }
    }
// 检查左上方
// 判断左上方是否到达边界 x-1 > 0, y-1 > 0
// 判断左上方是否有子 value[x-1][y-1]> -1
// 判断左上方棋子是否为对方 value[x-1][y-1] != chessValue
if (x-1>0 && y-1>0 && value[x-1][y-1]>-1 && value[x-1][y-1]!=chessValue) {
    // 往左上检查是否有我方棋子围住，若有，则吃子并下棋
    int c = 2;
    while (x-c >= 0 && y-c >= 0) {
        if (value[x-c][y-c] == chessValue) {
            valid = true;
            if (!isPlayed) break;
            for (int i = 1; i < c; i++) {
                eatChess(x-i, y-i);
            }
            break;
        }else if (value[x-c][y-c] == -1) {
            break;
        }
        else {
            c++;
        }
    }
}
// 检查左下方
// 判断左下方是否到达边界 x-1 > 0, y+1 < 7
// 判断左下方是否有子 value[x-1][y+1] > -1
// 判断左下方棋子是否为对方 value[x-1][y+1] != chessValue
if (x-1>0 && y+1<7 && value[x-1][y+1]>-1 && value[x-1][y+1]!=chessValue) {
    // 往左下检查是否有我方棋子围住，若有，则吃子并下棋
    int c = 2;
    while (x-c >= 0 && y+c < 8) {
        if (value[x-c][y+c] == chessValue) {
            valid = true;
            if (!isPlayed) break;
            for (int i = 1; i < c; i++) {
                eatChess(x-i, y+i);
            }
            break;
        }else if (value[x-c][y+c] == -1) {
            break;
```

```
            }
            else {
                c++;
            }
        }
    }
    // 检查右上方
    // 判断右上方是到达边界 x+1 < 7, y-1 > 0
    // 判断右上方是否有子 value[x+1][y-1]> -1
    // 判断右上方棋子是否为对方 value[x+1][y-1] != chessValue
    if (x+1<7 && y-1>0 && value[x+1][y-1]>-1 && value[x+1][y-1]!=chessValue) {
        // 往右上检查是否有我方棋子围住，若有，则吃子并下棋
        int c = 2;
        while (x+c < 8 && y-c >= 0) {
            if (value[x+c][y-c] == chessValue) {
                valid = true;
                if (!isPlayed) break;
                for (int i = 1; i < c; i++) {
                    eatChess(x+i, y-i);
                }
                break;
            }else if (value[x+c][y-c] == -1) {
                break;
            }
            else {
                c++;
            }
        }
    }
    // 检查右下方
    // 判断右下方是否到达边界 x+1 < 7, y+1 < 7
    // 判断右下方是否有子 value[x+1][y+1] > -1
    // 判断右下方棋子是否为对方 value[x+1][y+1] != chessValue
    if (x+1<7 && y+1<7 && value[x+1][y+1]>-1 && value[x+1][y+1]!=chessValue{
        // 往右下检查是否有我方棋子围住，若有，则吃子并下棋
        int c = 2;
        while (x+c < 8 && y+c < 8) {
            if (value[x+c][y+c] == chessValue) {
                valid = true;
                if (!isPlayed) break;
                for (int i = 1; i < c; i++) {
                    eatChess(x+i, y+i);
                }
                break;
            }else if (value[x+c][y+c] == -1) {
                break;
            }
            else {
                c++;
            }
```

```
            }
        }
        return valid;
    }


    // 吃掉对方棋子
    public void eatChess(int x, int y) {
        List<Chess> chess = getObjectsAt(x, y, Chess.class);
        if (color) {                  // 吃掉黑子
            value[x][y] = 1;
            chess.get(0).setImage("white.png");
        } else {                      // 吃掉白子
            value[x][y] = 0;
            chess.get(0).setImage("black.png");
        }
    }
}
```

编译并运行项目"Reversi3",测试一下翻棋操作的效果。

12.2.4 添加提示信息

接下来完善游戏界面,添加必要的提示信息。对于黑白棋游戏来说,玩家需要了解当前棋盘上的黑、白棋子总数,以及当前轮到哪一方下棋。相应地,创建计数器类 Counter 用来统计棋盘上的棋子数,创建标记类 Sign 用来提示当前下棋的一方。

1. 交换下棋双方

由于 Sign 类仅仅使用图像作为提示,因此本身并不需要编写任何代码。在 Board 类中创建 Sign 类的对象,然后将其添加到棋盘上的合适位置(即游戏场景右下方的文字"下一步"的下方,如图 12.1 所示),并将其图像设为当前下棋方的棋子图像。这样玩家便能清楚地看到当前轮到哪一方下棋。

根据黑白棋的游戏规则,游戏开始时首先由黑方下棋,因此初始时需要将 Sign 对象的图像设置为黑棋的图像。在游戏过程中双方轮流下棋,某一方下完棋后便要换到另一方来下,相应地要将 Sign 对象的图像设置为当前下棋方的棋子图像。

在 Board 类中定义 changeSide() 方法来交换下棋的双方,代码如下:

```
// 交换下棋的双方
public void changeSide() {
    color = !color;
    if(color) {
        sign.setImage("white.png");
    }
    else {
```

```
        sign.setImage("black.png");
    }
}
```

2. 创建计数器

至于 Counter 类，则需要记录棋盘上所有棋子的总数，并将棋子总数显示在屏幕上。是
Counter 类的代码如下：

```
/**
 * 计数器类，统计棋子数
 */
public class Counter extends Actor {
    private int number;                          // 记录棋盘上的棋子数

    // 构造方法，初始棋子数为 2
    public Counter() {
        number = 2;
        showNum();
    }

    // 显示棋子数
    public void showNum() {
        Font font = new Font("Arial", Font.PLAIN, 30);
        getImage().setFont(font);
        getImage().clear();
        getImage().drawString("" + number, 5, 25);
    }

    // 设置棋子数
    public void setNum(int num) {
        number = num;
    }

    // 获取棋子数
    public int getNum() {
        return number;
    }
}
```

在 Counter 类中定义了整型字段 number 用来记录棋子总数。同时定义了 setNum() 方法
和 getNum() 方法，分别来设置和获取 number 的值。此外，还定义了 showNum() 方法来显示
棋子总数。

3. 显示棋子数

在 Board 类中创建了两个 Counter 对象：counterBlack 和 counterWhite，分别统计黑、白
棋子的颜色。然后将它们添加到游戏场景右侧的文字"棋子数目"下方，counterBlack 放置

在黑棋图像后面；counterWhite 放在白棋图像后面，如图 12.1 所示。

接下来在 Board 类中定义 display() 方法来统计棋盘上黑、白棋子的总数，并将它们显示在屏幕上。

```
// 计算并显示棋子数目
public void display() {
    int numberWhite = 0;
    int numberBlack = 0;
    // 计数棋子数目
    for (int i = 0; i < 8; i++) {
        for (int j = 0; j < 8; j++) {
            if (value[i][j] == 0) numberBlack++;
            if (value[i][j] == 1) numberWhite++;
        }
    }
    // 显示当前的棋子数目
    counterWhite.setNum(numberWhite);
    counterWhite.showNum();
    counterBlack.setNum(numberBlack);
    counterBlack.showNum();
}
```

最后修改 Board 类 act() 方法，加入 changeSide() 方法和 display() 方法。修改后的 act() 方法代码如下（粗体字部分表示新添加的代码）：

```
public void act() {
    MouseInfo mouse = Greenfoot.getMouseInfo();
    if (Greenfoot.mouseClicked(this)) {            // 单击鼠标来下棋
        int x = mouse.getX();
        int y = mouse.getY();
        if (x >= 8) {                              // 确保下棋的区域不要超过棋盘范围
            return;
        }
        isPlayed = true;                           // 开始下棋操作
        // 若棋盘上某个方格无棋子且下棋位置有效，则可下棋
        if (value[x][y] == -1 && checkValid(x, y)) {
            if (color) {                           // 下白子
                value[x][y] = 1;
                addObject(new Chess(true), x, y);
            } else {                               // 下黑子
                value[x][y] = 0;
                addObject(new Chess(false), x, y);
            }
            changeSide();                          // 交换下棋双方
            display();                             // 计算并显示棋子数目
        }
        isPlayed = false;                          // 结束下棋操作
    }
}
```

编译并运行项目"Reversi4"，可以看到添加提示信息后的游戏运行界面，如图 12.1 所示。

12.2.5　完善游戏规则

至此已经实现了黑白棋游戏的基本功能，但是还不够完善。根据游戏规则，如果某一方没有合法棋步，也就是说不管他下到哪里，都不能至少翻转对手的一个棋子，那么他这一轮只能弃权，而由对手继续落子直到他有合法棋步可下。本章的游戏目前并没有实现这样的规则，例如图 12.4 所示的情形，当前轮到白棋下子，但是棋盘中没有任何一个空格可以放置白棋。

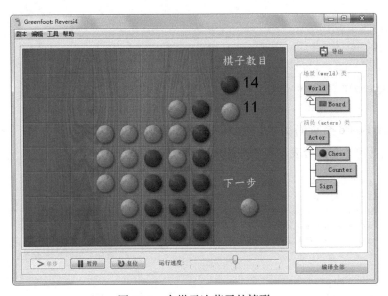

图 12.4　白棋无法落子的情形

同时游戏规则还规定，棋局持续进行直到棋盘填满，或者双方都无合法棋步可下时游戏结束，盘面上棋子数目多的一方取胜。而这里的游戏也没有实现这样的要求，游戏目前既没有设置结束的条件，也没有做出输赢的判断。

为了完善游戏规则，首先在 Board 类中定义 canPlay() 方法，用于判断当前走棋的一方能否落子。代码如下：

```
// 判断能否执行下棋操作
public boolean canPlay() {
    for (int i = 0; i < 8; i++) {
        for (int j = 0; j < 8; j++) {
            if (value[i][j] == -1 && checkValid(i, j)) {
```

```
                return true;
            }
        }
    }
    return false;
}
```

canPlay() 方法返回一个布尔型的值，它循环遍历棋盘上的每一个方格：若某个方格没有放置棋子，同时该方格存在一个合法棋步，则返回 true 值，表示当前走棋方可以下棋；否则若整个棋盘都下满了棋子，或者所有空白方格都不存在合法棋步，则返回 false 值，表示当前走棋方无法下棋。

接着在 Board 类中定义 gameOver() 方法，用来对游戏输赢进行判断。代码如下：

```
// 游戏结束操作
public void gameOver() {
    if (counterBlack.getNum() > counterWhite.getNum()) {
        showText("Black Win!", getWidth() / 2, getHeight() / 2);
    }
    else if (counterBlack.getNum() < counterWhite.getNum()) {
        showText("White Win!", getWidth() / 2, getHeight() / 2);
    }
    else {
        showText("Draw Game!", getWidth() / 2, getHeight() / 2);
    }
    Greenfoot.stop();
}
```

在 gameOver() 方法中，比较黑白双方的 Counter 对象中保存的棋子总数，棋子数目多的一方将获得胜利，若双方棋子数目相同则判定为平局。将输赢结果用文字显示在屏幕正中央，同时停止游戏运行。

最后修改 Board 类的 act() 方法，以实现对棋盘的局面进行检查。修改后的 act() 方法如下（粗体字部分表示新添加的代码）：

```
public void act() {
    if (!canPlay()) {                       // 若当前一方不能下棋，则换到另一方下棋
        changeSide();
        if (!canPlay()) {                   // 若另一方也不能下棋，则游戏结束
            gameOver();
        }
    }

    MouseInfo mouse = Greenfoot.getMouseInfo();
    if (Greenfoot.mouseClicked(this)) { // 单击鼠标左键来下棋
        int x = mouse.getX();
        int y = mouse.getY();
        if (x >= 8) {                       // 确保下棋的区域不要超过棋盘范围
```

```
            return;
        }
        isPlayed = true;                    // 开始下棋操作
        // 若棋盘上某个方格无棋子且下棋位置有效，则可下棋
        if (value[x][y] == -1 && checkValid(x, y)) {
            if (color) {                    // 下白子
                value[x][y] = 1;
                addObject(new Chess(true), x, y);
            } else {                        // 下黑子
                value[x][y] = 0;
                addObject(new Chess(false), x, y);
            }
            changeSide();                   // 交换下棋双方
            display();                      // 计算并显示棋子数
        }
        isPlayed = false;                   // 结束下棋操作
    }
}
```

在 act() 方法中，首先检查当前走棋的一方能否下棋，若能则继续下棋操作；若不能则切换到对方走棋，并进一步判断对方能否下棋。若双方都不能下棋，则判定游戏结束。

编译并运行项目"Reversi5"，可以看到游戏结束的界面，如图 12.5 所示。

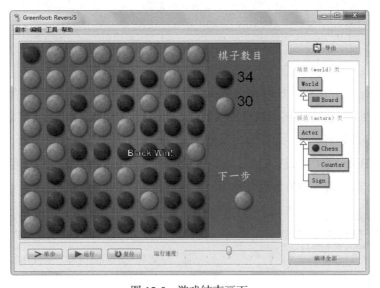

图 12.5　游戏结束画面

12.3　游戏扩展练习

至此已实现了一个完整的黑白棋游戏。下面提供一些思路供读者改进和扩展。

（1）进一步增强游戏效果。可以为游戏添加音乐和音效，同时还可以设计游戏菜单，并添加相应的菜单选项，实现音乐或音效的播放及停止功能。从程序方面来说，可以创建 GreenfootSound 对象来播放声音，当玩家单击菜单项的播放按钮则调用 GreenfootSound 对象的 play() 方法；单击停止按钮则调用 stop() 方法。

（2）加入计时功能。黑白棋游戏原本没有时间方面的限制，只有当某一方下完棋后另一方才能下棋。为了提高游戏的紧张感和刺激性，可以突破原有规则的限制，为其增加计时功能。可以考虑对玩家的思考时间计时，同时设定一个限制时间：若走棋的一方在规定时间内没有落子，则直接判定对方获胜。

（3）加入走棋提示。目前游戏虽然能够对棋盘的合法棋步进行检查，但是玩家并不能直观地看到当前哪些方格可以落子。不妨考虑在所有可以落子的方格上加入图形化的提示。例如在能够落子的方格上显示一个彩色的方框，或者显示一个与当前棋子颜色相同但透明度不同的棋子图像，等等。这实际上属于用户界面设计的范畴，目的是让游戏界面更加友好，同时让玩家的游戏体验更加美好。

若要用程序来实现，则可以创建一个提示类，并在棋盘上所有存在合法棋步的空格上添加提示对象。这需要修改 Board 类的 canPlay() 方法，具体来说，在遍历 value 数组的过程中，每当检测到某一个方格存在合法的棋步，则在该方格处放置一个提示对象。

第 13 章
接龙纸牌游戏

接龙游戏源自 Windows 操作系统自带的一款经典纸牌游戏，并且经过不断演化形成了各种游戏版本。本章将设计一款简易的接龙纸牌游戏，基本游戏规则是：初始时将一副扑克牌分成两部分放置，一部分放在桌面的中央，形成一系列的牌叠，成为暂存区；另一部分放置在桌面左上角，称为发牌区。对于每个牌叠，只有最上面的一张牌能够翻开。玩家可以将桌面上翻开的扑克牌移动到暂存区的牌叠上，使得各个牌叠的牌依照点数从大到小的顺序，且花色按照黑红相间的规律进行摆放。桌面右上角为归整区，分为 4 个牌叠，分别用来归整四个花色的扑克牌，即将各花色的牌按照点数从小到大的顺序进行整理。当桌面上所有的扑克牌都放入归整区后游戏结束。

接龙纸牌游戏的运行界面如图 13.1 所示。图中分别标注了发牌区、暂存区和归整区的牌叠范围。

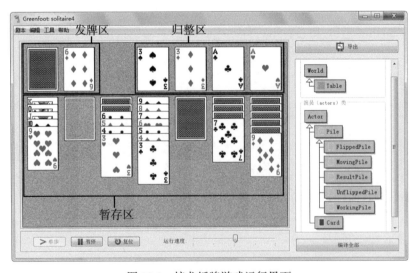

图 13.1　接龙纸牌游戏运行界面

13.1　游戏整体设计

首先设计游戏的场景和角色。游戏的场景就是牌桌，而游戏的主要角色则是扑克牌。相应地，可以创建牌桌类（Table）来表示打牌的桌面，创建扑克牌类（Card）来表示牌桌上的扑克牌。从接龙纸牌游戏的规则可以看出，牌桌被划分为不同的区域，每个区域都由相应的牌叠组成，每个扑克牌都要放置在某个特定的牌叠中。于是可以创建牌叠类（Pile）来表示牌桌上的牌叠，同时为它创建各个子类来分别表示不同区域的牌叠。牌叠子类具体分为：

❑ 暂存区牌叠类（WorkingPile），用来表示暂存区的各个牌叠。

❑ 归整区牌叠类（ResultPile），用来表示归整区的各个牌叠。

❑ 未翻开牌叠类（UnflippedPile），用来表示发牌区左侧没有翻开的牌叠。

❑ 已翻开牌叠类（FlippedPile），用来表示发牌区右侧已经翻开的牌叠。

❑ 移动牌叠类（MovingPile），用来表示正在牌桌上移动的牌叠。

接下来考虑游戏的规则设计。需要考虑这样几个关键问题：

（1）如何将扑克牌放入各个牌叠？

（2）如何翻牌，即如何让玩家操作扑克牌使其牌面翻转？

（3）如何将扑克牌移动到暂存区的牌叠上？

（4）如何将各花色的扑克牌依照点数大小分别放入归整区的牌叠中？

对于第（1）个问题，可以给每个牌叠设置一个扑克牌的列表集合，其中保存了该牌叠中所有扑克牌对象。同时为每个扑克牌对象设置一个牌叠的引用，用来标示其所属的牌叠。然后依据牌叠在桌面上的位置，依次将各牌叠中的扑克牌添加到牌桌上面。

对于第（2）个问题，可以考虑用鼠标单击来实现扑克翻牌。初始时扑克牌的背面向上，当玩家用鼠标单击扑克牌时则将牌面翻转，显示其点数。这里着重考虑如何处理鼠标单击事件，以及如何显示扑克牌的正反面。

对于第（3）个问题，可以考虑使用鼠标拖曳来移动扑克牌，这需要对鼠标的拖曳事件进行处理。同时要考虑如何让暂存区各牌叠中的扑克牌按照点数从大到小，花色黑红相间的规律来摆放，这需要对扑克牌的顺序及花色进行检查。此外，对于被拖曳的扑克牌，要考虑实现它们被拖曳过程中的移动效果。

对于第（4）个问题，可以考虑使用鼠标拖曳来实现扑克牌的归整，这同样需要对鼠标的拖曳事件进行处理。同时需要对归整区的各个牌叠进行检查，以保证每个牌叠按点数从小到大的顺序来存放某种花色的扑克牌。此外为了简化玩家的操作，可以考虑设置自动归整功能，即程序自动判断牌桌上有哪些牌可以放至归整区，并将它们依次放入相应花色的牌叠中。可以对鼠标的双击事件进行处理，加入自动归整扑克牌的方法。

13.2 游戏程序实现

基于 13.1 节的考虑和设计，将游戏的实现分解为以下几个任务。

（1）初始化牌桌，加入牌叠和扑克牌。创建 Table 类表示牌桌；创建 Card 类表示扑克牌；创建 Pile 类及其子类，在牌桌适当位置添加各个牌叠。

（2）实现翻牌功能，鼠标单击某张扑克牌可将其翻开。完善 Card 类，在 act() 方法中处理鼠标单击事件；完善 FlippedPile 类和 UnflippedPile 类，实现发牌区各牌叠的操作。

（3）暂存扑克牌，鼠标拖曳扑克牌至暂存区。完善 Card 类，处理鼠标拖动事件；完善 WorkingPile，检查扑克牌是否可加入暂存牌叠；创建 MovingPile 类，实现牌叠移动效果。

（4）归整扑克牌，鼠标拖动或双击扑克牌来归整牌叠。完善 Card 类，处理鼠标双击事件；完善 ResultPile 类，检查扑克牌是否可加入归整牌叠；完善 Table 类，实现自动归整，判定游戏结束。

13.2.1 初始化牌桌

创建一个新的游戏项目，将事先准备的所有图片文件复制到项目文件夹下的"images"子目录中。在 Greenfoot 界面的 World 类上创建一个子类，命名为 Table，将其图像设置为牌桌的图片；在 Actor 类上创建一个子类，命名为 Card，将其图像设置为扑克牌的图片；在 Actor 类上创建一个子类，命名为 Pile。Pile 类作为所有牌叠的父类，本身并不需要设置具体图像。为 Pile 类创建子类 WorkingPile、ResultPile、UnflippedPile 和 FlippedPile，分别用来表示暂存区牌叠、归整区牌叠、发牌区的未翻开牌叠和已翻开牌叠。

1. 创建扑克牌类

首先为扑克牌类 Card 编写如下代码：

```java
/**
 * 扑克牌类
 */
public class Card extends Actor {
    public enum Suit { SPADES, HEARTS, DIAMONDS, CLUBS; };    // 扑克牌的花色
    private Suit suit = null;                                 // 这张扑克牌的花色
    private int value = 0;                                    // 这张扑克牌的点数
    private boolean isFaceUp = false;                         // 牌面是不是朝上
    private Pile pile = null;                                 // 扑克牌所在的牌叠
    private GreenfootImage faceUpImage = null;                // 牌面的图像
    private GreenfootImage faceDownImage = null;              // 牌背的图像

    //构造方法，建立一张新的扑克牌
    public Card(Suit suit, int value) {
```

```
        this.suit = suit;
        this.value = value;
        String fileName = suit + "" + value + ".png";
        this.faceUpImage = new GreenfootImage(fileName.toLowerCase());
        this.faceDownImage = getImage();
        turnFaceDown();
    }

    // 扑克牌翻正面
    public void turnFaceUp() {
        isFaceUp = true;
        setImage(faceUpImage);
    }

    // 扑克牌翻背面
    public void turnFaceDown() {
        isFaceUp = false;
        setImage(faceDownImage);
    }

    // 取得这张扑克牌的花色
    public Suit getSuit() {
        return suit;
    }

    // 取得这张扑克牌的点数
    public int getValue() {
        return value;
    }

    // 扑克牌牌面是不是朝上
    public boolean isFaceUp() {
        return isFaceUp;
    }

    // 设定扑克牌所在的牌叠
    public void setPile(Pile pile) {
        this.pile = pile;
    }
}
```

在 Card 类中首先创建了枚举类型 Suit 表示扑克牌的 4 种花色，然后定义了各个字段：suit 和 value 分别表示扑克的花色和点数；isFaceUp 表示扑克是否翻面；pile 表示扑克牌所属的牌叠；faceUpImage 和 faceDownImage 分别表示牌的正面和背面的图像。

Card 类的构造方法将花色和点数作为参数，用来对相应的字段进行初始化，并载入相应的扑克牌图片来设置图像。此外，Card 类中还定义了其他的一些方法，用来对各个字段的值进行操作。

2. 创建牌叠类

为牌叠类 Pile 编写如下代码：

```java
/**
 * 扑克牌叠类
 */
public class Pile extends Actor {
    // 扑克牌列表，保存牌叠中所有的扑克牌
    private ArrayList<Card> cards = new ArrayList<Card>();

    // 增加一张扑克牌，同时把牌添加到牌桌上
    public void addCard(Card newCard) {
        cards.add(newCard);
        newCard.setPile(this);
        getWorld().addObject(newCard, getX(), getY());
    }

    // 取得牌叠里的扑克牌总数。
    public int getSize() {
        return cards.size();
    }

    // 取得第 n 张扑克牌
    public Card getCard(int n) {
        return cards.get(n);
    }

    // 取得最上面的扑克牌
    public Card getTopCard() {
        if (cards.size() == 0) {
            return null;
        }
        return getCard(cards.size() - 1);
    }

    // 抽出第 n 张扑克牌，同时把扑克牌从牌桌移除
    public Card takeCard(int n) {
        Card card = cards.get(n);
        card.setPile(null);
        cards.remove(card);
        getWorld().removeObject(card);
        return card;
    }

    // 抽出最上面的扑克牌，同时把扑克牌从牌桌移除
    public Card takeTopCard() {
```

```
        if (cards.size() == 0){
            return null;
        }
        return takeCard(cards.size() - 1);
    }
}
```

　　由于牌叠是由一系列扑克牌所组成，因此 Pile 类中定义了列表集合字段 cards，用来存放牌叠中的所有扑克牌。同时 Pile 类还定义了各种方法来对牌叠中的扑克牌进行操作。

3. 创建牌桌类

最后编写牌桌类 Table 的代码，为初始的牌桌添加牌叠和扑克牌。Table 类的代码如下：

```
/**
 * 牌桌类，提供打牌的场所
 */
public class Table extends World {
    private UnflippedPile unflippedPile = null;          // 未翻开的扑克牌叠
    private FlippedPile flippedPile = null;              // 已翻开的扑克牌叠
    private ArrayList<WorkingPile> workingPiles = null;  // 暂存区的扑克牌叠
    private ArrayList<ResultPile> resultPiles = null;    // 归整区的扑克牌叠

    // 构造方法，建立一张新的牌桌
    public Table() {
        super(600, 400, 1);
        addPiles();                                      // 添加牌叠
        addCards();                                      // 添加扑克牌
        dealToWorkingPiles();                            // 发牌到暂存区
    }


    // 添加牌叠
    private void addPiles() {
        // 加上未翻开的扑克牌叠
        unflippedPile = new UnflippedPile();
        addObject(unflippedPile, 48, 57);
        // 加上已翻开的扑克牌叠
        flippedPile = new FlippedPile();
        addObject(flippedPile, 132, 57);
        // 加上暂存区的扑克牌叠
        workingPiles = new ArrayList<WorkingPile>();
        for (int i = 1; i <= 7; i++) {
            WorkingPile pile = new WorkingPile();
            workingPiles.add(pile);
            addObject(pile, -36 + 84 * i, 165);
        }
        // 加上归整区的扑克牌叠
```

```
        resultPiles = new ArrayList<ResultPile>();
        for (int i = 1; i <= 4; i++) {
            ResultPile pile = new ResultPile();
            resultPiles.add(pile);
            addObject(pile, 216 + i * 84, 57);
        }
    }

    // 添加扑克牌
    private void addCards() {
        // 产生扑克牌
        ArrayList<Card> cards = new ArrayList<Card>();
        for (Card.Suit suit : Card.Suit.values()) {
            for (int value = 1; value <= 13; value++) {
                cards.add(new Card(suit, value));
            }
        }
        // 洗牌，随机打乱 cards 列表中的扑克牌顺序
        Collections.shuffle(cards);
        // 扑克牌加到未翻开的扑克牌叠
        for (Card card : cards) {
            unflippedPile.addCard(card);
        }
    }

    // 发牌到暂存区
    private void dealToWorkingPiles() {
        for (int i = 1; i <= workingPiles.size(); i++){
            WorkingPile target = workingPiles.get(i - 1);
            // 第 i 叠牌要发 i 张扑克牌
            for (int j = 1; j <= i; j++) {
                Card card = unflippedPile.takeTopCard();
                target.addCard(card);
            }
            // 最上面一张扑克牌要翻开
            target.flipTopCard();
        }
    }

    // 取得未翻开的扑克牌叠
    public UnflippedPile getUnflippedPile() {
        return unflippedPile;
    }

    // 取得已翻开的扑克牌叠
    public FlippedPile getFlippedPile() {
```

```
        return flippedPile;
    }

    // 取得暂存区的扑克牌叠
    public ArrayList<WorkingPile> getWorkingPiles() {
        return workingPiles;
    }

    // 取得归整区的扑克牌叠
    public ArrayList<ResultPile> getResultPiles() {
        return resultPiles;
    }
}
```

可以看到，在 Table 类中为各个牌叠都定义了相应的字段和方法。同时在 Table 类的构造方法中对牌桌进行初始化，具体分为 4 个步骤进行：首先，调用 World 类的 super() 方法来生成游戏场景，即牌桌；其次，调用 addPiles() 方法将各个牌叠添加至牌桌上的对应位置；再次，调用 addCards() 方法将扑克牌全部放置在发牌区左侧的未翻开牌叠上；最后，调用 dealToWorkingPiles() 方法将未翻开牌叠的一部分扑克牌移至暂存区的牌叠中。

需要注意的是，暂存区牌叠内的各张扑克牌在摆放时要上下错开一点距离，不能完全重合，而且牌叠最上面的一张扑克牌要翻开。为了达到这样的效果，为暂存区牌叠类 WorkingPile 编写如下代码：

```
/**
 * 暂存区牌叠类
 */
public class WorkingPile extends Pile {
    // 添加一张扑克牌
    public void addCard(Card newCard) {
        super.addCard(newCard);
        // 把新加上的扑克牌放下面一点，露出前面的扑克牌
        newCard.setLocation(newCard.getX(), newCard.getY() + (getSize() - 1) * 16);
    }

    // 翻开最上面的扑克牌
    public void flipTopCard() {
        Card card = getTopCard();
        card.turnFaceUp();
    }
}
```

编译并运行"solitaire1"项目，可以看到接龙纸牌游戏的初始界面，如图 13.2 所示。

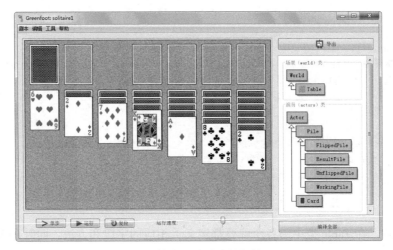

图 13.2　接龙纸牌游戏的初始界面

13.2.2　实现翻牌功能

 根据游戏规则，玩家每次可以翻开桌面上的一张扑克牌，而且只能翻开牌叠最上面的那
张。玩家用鼠标单击扑克牌来执行翻牌操作，为此需要在 Card 类中对鼠标单击事件进行处
理。在 Card 类的 act() 方法中添加鼠标事件处理程序，代码如下：

```
// 游戏循环，执行每回合的动作
public void act() {
    // 若牌面朝上
    if (isFaceUp) {

    }
    // 若牌面朝下
    else {
        // 若单击这张扑克牌，且这张扑克牌是牌叠中最上面的
        if (Greenfoot.mouseClicked(this) && this == pile.getTopCard()) {
            if (pile instanceof UnflippedPile) {         // 若扑克牌位于未翻开牌叠
                ((UnflippedPile) pile).flipNextCard();
            }
            else if (pile instanceof WorkingPile) {      // 若扑克牌位于暂存区牌叠
                ((WorkingPile) pile).flipTopCard();
            }
        }
    }
}
```

从上述代码可以看到，若玩家单击的扑克牌是背面朝上的，而且是牌叠中最上面的，则
该扑克牌可以被翻开。需要指出的是，程序对暂存区牌叠和发牌区的未翻开牌叠进行了不同

的处理。对于前者，只需调用 WorkingPile 类的 flipTopCard() 方法，将暂存区牌叠最上面的一张扑克牌翻开即可；对于后者，则要调用 UnflippedPile 类的 flipNextCard() 方法来处理。该方法先是将未翻开牌叠最上面的一张扑克牌翻开，接着将翻开的扑克牌移至发牌区的已翻开牌叠中。

未翻开牌叠类 UnflippedPile 的代码如下：

```java
/**
 * 未翻开牌叠类
 */
public class UnflippedPile extends Pile {

    // 游戏循环，执行每回合的动作
    public void act() {
        // 单击牌叠的空位时，说明已经没有扑克牌了，须重新翻牌
        if (Greenfoot.mouseClicked(this)) {
            Table table = (Table) getWorld();
            table.getFlippedPile().returnAllCards();
        }
    }


    // 翻开一张扑克牌
    public void flipNextCard() {
        Table table = (Table) getWorld();
        Card card = takeTopCard();                    // 抽取牌叠最上面的一张扑克牌
        card.turnFaceUp();                            // 将扑克牌翻转至正面朝上
        table.getFlippedPile().addCard(card);         // 将扑克牌移至已翻开牌叠
    }
}
```

需要指出的是，当未翻开牌叠中的所有扑克牌都被翻开后，若是再用鼠标单击该牌叠，则要将已翻开牌叠中的牌全部退回到未翻开牌叠中。为此，在已翻开牌叠类 FlippedPile 中定义 returnAllCards() 方法来执行该操作，代码如下：

```java
/**
 * 已翻开牌叠类
 */
public class FlippedPile extends Pile {
    // 重新翻牌，把扑克牌全部退回未翻开的牌叠
    public void returnAllCards() {
        Table table = (Table) getWorld();
        while (getSize() > 0) {                       // 只要牌叠中还有扑克牌，则
            Card card = takeTopCard();                // 抽取牌叠最上面的一张扑克牌
            card.turnFaceDown();                      // 将扑克牌翻转至背面朝上
            table.getUnflippedPile().addCard(card);   // 将扑克牌移至未翻开牌叠
        }
    }
}
```

编译并运行项目"solitaire2",单击鼠标来测试一下翻牌功能。

13.2.3 暂存扑克牌

接下来实现接龙纸牌游戏最关键的功能,即暂存扑克牌。通过鼠标拖曳将扑克牌移动至暂存区的牌叠中。被移动的扑克牌既可以是单独的一张扑克牌,也可以是由多张扑克牌组成的牌叠。

1. 创建移动牌叠类

为了制造扑克牌移动时的动态效果,这里创建了移动牌叠类 MovingPile,用来表示正在移动中的牌叠。MovingPile 类的代码如下:

```java
/**
 * 移动牌叠类
 */
public class MovingPile extends Pile {

    private int dx = 0;                          // 牌叠和鼠标的 x 坐标差
    private int dy = 0;                          // 牌叠和鼠标的 y 坐标差
    private Pile from = null;                     // 扑克牌是由哪一个牌叠移动的

    // 建立一个新的移动牌叠
    public MovingPile(Pile from, int dx, int dy) {
        this.from = from;
        this.dx = dx;
        this.dy = dy;
    }

    // 游戏循环,执行每回合的动作
    public void act() {
        MouseInfo mouse = Greenfoot.getMouseInfo();
        setLocation(mouse.getX() + dx, mouse.getY() + dy);
        redrawCards();
    }

    // 添加一张扑克牌
    public void addCard(Card newCard) {
        super.addCard(newCard);
        // 把新加上的扑克牌放下面一点,露出前面的扑克牌
        newCard.setLocation(newCard.getX(), newCard.getY() + (getSize() - 1) * 16);
    }

    // 重绘牌叠中扑克牌的位置
    public void redrawCards() {
        for (int i = 0; i < getSize(); i++) {
```

```
            getCard(i).setLocation(getX(), getY() + i * 16);
        }
    }

    // 取得现在移动到哪个牌叠
    public Pile getNowOnPile(){
        MouseInfo mouse = Greenfoot.getMouseInfo();
        List<Pile> piles=getWorld().getObjectsAt(mouse.getX(), mouse.getY(), Pile.class);
        piles.remove(this);                        // 排除掉 MovingPile 自身
        if (piles.size() > 0) {                    // 如果该落点还有牌叠，则获取牌叠
            return piles.get(0);
        }
        // 暂存区牌叠的落点，包括牌叠本身的区块，及其以下的区域
        List<WorkingPile> workingPiles = getWorld().getObjects(WorkingPile.class);
        for (WorkingPile target : workingPiles) {
            int width = target.getImage().getWidth();
            int height = target.getImage().getHeight();
            int left = target.getX() - width / 2;
            int right = target.getX() + width / 2;
            int top = target.getY() - height / 2;
            if (mouse.getX() >= left && mouse.getX()<=right && mouse.getY() >= top){
                return target;
            }
        }
        return null;                               // 不落在任何牌叠区
    }

    // 抽出最下面的扑克牌
    public Card takeBottomCard() {
        if (getSize() == 0) {
            return null;
        }
        return takeCard(0);
    }

    // 把扑克牌退回原牌叠
    public void returnCards() {
        while (getSize() > 0) {
            Card card = takeBottomCard();
            from.addCard(card);
        }
        getWorld().removeObject(this);
    }

    // 把扑克牌移到目标牌叠
    public void moveTo(Pile target) {
        while (getSize() > 0) {
            Card card = takeBottomCard();
```

```
                target.addCard(card);
            }
        getWorld().removeObject(this);
    }
}
```

在 MovingPile 类中定义了字段 dx 和 dy，分别用来保存移动牌叠与鼠标指针的水平坐标差和垂直坐标差。在鼠标拖曳牌叠移动的过程中，程序将根据这两个字段的值来确定移动牌叠的位置，同时将移动牌叠中的各张扑克牌依次显示出来。

2. 处理鼠标拖曳事件

接下来修改 Card 类的 act() 方法，在其中加入对鼠标拖曳事件的处理程序。修改后的 act() 方法代码如下（粗体字部分表示新添加的代码）：

```
// 游戏循环，执行每回合的动作
public void act() {
    // 若牌面朝上
    if (isFaceUp) {
        // 若之前没有拖动鼠标，现在才开始拖动鼠标
        if (!isDragging && Greenfoot.mouseDragged(this)) {
            isDragging = true;
            pile.startMoving(this);          // 将此扑克牌及其之下所有扑克牌移入 MovingPile
        }
        // 若之前有拖动鼠标，现在才结束拖动鼠标
        else if (isDragging && Greenfoot.mouseDragEnded(this)) {
            isDragging = false;
            MovingPile movingPile = (MovingPile) pile; // 此刻位于移动牌叠中
            Pile target = movingPile.getNowOnPile();
            if (target == null) {                       // 若鼠标落点没有扑克牌叠
                movingPile.returnCards();
            }
            else if (!target.isAcceptCard(this)) {      // 若鼠标落点的牌叠不收这张扑克牌
                movingPile.returnCards();
            }
            else{                            // 若鼠标落点的扑克牌叠收这张扑克牌
                movingPile.moveTo(target);
            }
        }
    }
    // 若牌面朝下
    else {
        // 若单击这张扑克牌，且这张扑克牌是牌叠中最上面的
        if (Greenfoot.mouseClicked(this) && this == pile.getTopCard()) {
            if (pile instanceof UnflippedPile) {          // 若扑克牌位于未翻开牌叠
                ((UnflippedPile) pile).flipNextCard();
            }
            else if (pile instanceof WorkingPile) {     // 若扑克牌位于暂存区牌叠
```

```
                ((WorkingPile) pile).flipTopCard();
            }
        }
    }
}
```

从上述代码可以看到，对鼠标的拖曳处理分为两个部分：首先处理刚开始拖曳时的情形，此时调用 Pile 类的 startMoving() 方法将扑克牌加入移动牌叠；然后处理拖曳结束后的情形，此时须调用 Pile 类的 isAcceptCard() 方法，来判断能否将移动牌叠中的扑克牌加入目标牌叠：若符合条件，则调用 MovingPile 类的 moveTo() 方法，将移动牌叠中的扑克牌全部添加到目标牌叠，否则调用 returnCards() 方法将扑克牌退回原牌叠。

3. 实现移牌操作

对 Pile 类进行修改，加入 startMoving() 方法，用来将被拖曳的扑克牌加入到移动牌叠。改进后的 Pile 类代码如下（粗体字部分表示新添加的代码）：

```
/**
 * 扑克牌叠类
 */
public class Pile extends Actor {
    // 扑克牌列表，保存牌叠中的所有扑克牌
    private ArrayList<Card> cards = new ArrayList<Card>();

    // 增加一张扑克牌，同时把扑克牌添加到牌桌上
    public void addCard(Card newCard) {
        cards.add(newCard);
        newCard.setPile(this);
        getWorld().addObject(newCard, getX(), getY());
    }

    // 取得牌叠里的扑克牌总数
    public int getSize() {
        return cards.size();
    }

    // 取得第 n 张扑克牌
    public Card getCard(int n) {
        return cards.get(n);
    }

    // 取得最上面的扑克牌
    public Card getTopCard() {
        if (cards.size() == 0) {
            return null;
        }
        return getCard(cards.size() - 1);
```

```
    }

    // 抽出第 n 张扑克牌，同时把扑克牌从牌桌移除
    public Card takeCard(int n) {
        Card card = cards.get(n);
        card.setPile(null);
        cards.remove(card);
        getWorld().removeObject(card);
        return card;
    }

    // 抽出最上面的扑克牌，同时把扑克牌从牌桌移除
    public Card takeTopCard() {
        if (cards.size() == 0) {
            return null;
        }
        return takeCard(cards.size() - 1);
    }

    // 开始移扑克牌，把扑克牌移到移动中的牌叠
    public void startMoving(Card starCard) {
        // 寻找扑克牌在牌叠中的位置
        int index = -1;
        for (int i = 0; i < getSize(); i++) {
            if (getCard(i) == starCard) {
                index = i;
                break;
            }
        }
        // 记录鼠标坐标和牌叠坐标的位移，以便移动时保持这个位移
        MouseInfo mouse = Greenfoot.getMouseInfo();
        int dx = starCard.getX() - mouse.getX();
        int dy = starCard.getY() - mouse.getY();
        MovingPile target = new MovingPile(this, dx, dy);
        // 将牌叠初始化设在扑克牌的位置
        getWorld().addObject(target, starCard.getX(), starCard.getY());
        // 把该张扑克牌及以下的扑克牌都搬到移动牌叠中
        while (index < getSize()) {
            Card card = takeCard(index);
            target.addCard(card);
        }
    }

    // 判断是否可以加入扑克牌
    public boolean isAcceptCard(Card card) {
        return false;
    }
}
```

4. 设置暂存规则

根据游戏规则，暂存区的扑克牌要按照点数和花色的规定来摆放。为此对 WorkingPile 类进行修改，加入 isAcceptCard() 方法，用来判断能否将移动牌叠中的扑克牌加入暂存区牌叠。改进后的 WorkingPile 类代码如下（粗体字部分表示新添加的代码）：

```java
/**
 * 暂存区牌叠类
 */
public class WorkingPile extends Pile {

    // 添加一张扑克牌
    public void addCard(Card newCard) {
        super.addCard(newCard);
        // 把新加上的扑克牌放下面一点，露出前面的扑克牌
        newCard.setLocation(newCard.getX(), newCard.getY() + (getSize() - 1) * 16);
    }

    // 翻开最上面的扑克牌
    public void flipTopCard() {
        Card card = getTopCard();
        card.turnFaceUp();
    }

    // 检查扑克牌是否可以加进来
    public boolean isAcceptCard(Card newCard) {
        // 牌叠有扑克牌时，最上面一张要翻开，要和最上面一张不同颜色，点数少一点
        if (getSize() > 0) {
            if (getTopCard().isFaceUp() &&
                newCard.isDifferentColorFrom(getTopCard()) &&
                newCard.getValue() == getTopCard().getValue() - 1) {
                return true;
            }
            return false;
        }
        // 扑克牌叠空时，只限 K（点数为 13 点）
        else {
            if (newCard.getValue() == 13) {
                return true;
            }
            return false;
        }
    }
}
```

编译并运行项目"solitaire3"，可以看到拖曳牌叠的效果，如图 13.3 所示。

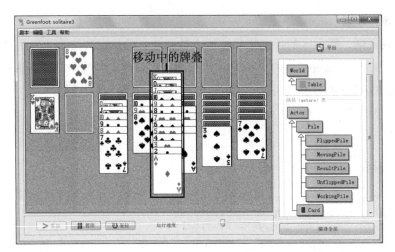

图 13.3 拖曳牌叠时的效果

13.2.4 归整扑克牌

最后实现归整扑克牌的功能，即依照点数和花色对牌桌上的扑克牌进行整理，并将它们放入归整区的牌叠中。根据 13.1 节提供的游戏设计思路，通过两种途径来归整扑克牌：一是用鼠标直接将扑克牌拖至归整区牌叠中，二是用鼠标双击扑克牌实现自动归整。

1. 完善归整区牌叠类

根据游戏规则，归整区的扑克牌要按照点数和花色的规定来摆放。为了能将扑克牌拖至归整区牌叠，为归整区牌叠类 ResultPile 加入 isAcceptCard() 方法，用来判断能否将移动牌叠中的扑克牌加入归整区牌叠。ResultPile 类的代码如下：

```
/**
 * 归整区牌叠类
 */
public class ResultPile extends Pile {
    // 检查扑克牌是否可以加进来
    public boolean isAcceptCard(Card newCard) {
        // 牌叠有扑克牌时，要和最上面一张同花色，点数多一点
        if (getSize() > 0) {
            if (newCard.getSuit() == getTopCard().getSuit()
             && newCard.getValue() == getTopCard().getValue() + 1) {
                return true;
            }
            return false;
        }
        // 牌叠空时，只限 A（点数为 1 点）
        else {
```

```
            if (newCard.getValue() == 1) {
                return true;
            }
            return false;
        }
    }
}
```

2. 处理鼠标双击事件

为了实现扑克牌的自动归整功能，对 Card 类的程序进行修改，加入对鼠标双击事件的
处理。改进后的 Card 类代码如下（粗体字部分表示新添加的代码）：

```
/**
 * 扑克牌类
 */
public class Card extends Actor{
    public enum Suit { SPADES, HEARTS, DIAMONDS, CLUBS; };      // 扑克牌的花色
    private Suit suit = null;                                   // 这张扑克牌的花色
    private int value = 0;                                      // 这张扑克牌的点数
    private boolean isFaceUp = false;                           // 牌面是不是朝上
    private Pile pile = null;                                   // 扑克牌所在的牌叠
    private GreenfootImage faceUpImage = null;                  // 牌面的图像
    private GreenfootImage faceDownImage = null;                // 牌背的图像
    private boolean isDragging = false;                         // 是不是正在拖动中

    // 构造方法，建立一张新的扑克牌
    public Card(Suit suit, int value){
        this.suit = suit;
        this.value = value;
        String fileName = suit + "" + value + ".png";
        this.faceUpImage = new GreenfootImage(fileName.toLowerCase());
        this.faceDownImage = getImage();
        turnFaceDown();
    }

    // 游戏循环，执行每回合的动作
    public void act() {
        // 若牌面朝上
        if (isFaceUp) {
            // 若鼠标在翻开的扑克牌上单击两下，开始自动归整
            if (isDoubleClicked()) {
                Table table = (Table) getWorld();
                table.startAutoSorting();
            }
            // 若之前没有拖动鼠标，现在才开始拖动鼠标
            else if (!isDragging && Greenfoot.mouseDragged(this)) {
                isDragging = true;
                pile.startMoving(this); // 将此扑克牌及其之下所有扑克牌移入 MovingPile
            }
```

```
                    // 若之前有拖动鼠标，现在才结束拖动鼠标
                    else if (isDragging && Greenfoot.mouseDragEnded(this)) {
                        isDragging = false;
                        MovingPile movingPile = (MovingPile) pile;   // 此刻位于移动牌叠中
                        Pile target = movingPile.getNowOnPile();
                        if (target == null){               // 若鼠标落点没有扑克牌叠
                            movingPile.returnCards();
                        }
                        else if (!target.isAcceptCard(this)) { // 若鼠标落点的扑克牌叠不收这张扑克牌
                            movingPile.returnCards();
                        }
                        else{                              // 若鼠标落点的扑克牌叠收这张扑克牌
                            movingPile.moveTo(target);
                        }
                    }
                }
                // 若牌面朝下
                else{
                    // 若单击这张扑克牌，且这张扑克牌是牌叠中最上面的
                    if (Greenfoot.mouseClicked(this) && this == pile.getTopCard()) {
                        if (pile instanceof UnflippedPile) {   // 若扑克牌位于未翻开牌叠
                            ((UnflippedPile) pile).flipNextCard();
                        }
                        else if (pile instanceof WorkingPile)   // 若扑克牌位于暂存区牌叠
                            ((WorkingPile) pile).flipTopCard();
                    }
                }
            }
        }

    // 扑克牌是不是被鼠标单击两下
    private boolean isDoubleClicked() {
        if (Greenfoot.mouseClicked(this)) {
            MouseInfo mouse = Greenfoot.getMouseInfo();
            if (mouse.getClickCount() == 2) {
                return true;
            }
        }
        return false;
    }

    // 扑克牌翻正面
    public void turnFaceUp() {
        isFaceUp = true;
        setImage(faceUpImage);
    }

    // 扑克牌翻背面
    public void turnFaceDown() {
        isFaceUp = false;
        setImage(faceDownImage);
```

```
    }

    // 和另外一张扑克牌是不是红黑不同色
    public boolean isDifferentColorFrom(Card another) {
        return (suit == Suit.HEARTS || suit == Suit.DIAMONDS)
            ^ (another.suit == Suit.HEARTS || another.suit == Suit.DIAMONDS);
    }

    // 取得这张扑克牌的花色
    public Suit getSuit() {
        return suit;
    }

    // 取得这张扑克牌的点数
    public int getValue() {
        return value;
    }

    // 扑克牌牌面是不是朝上
    public boolean isFaceUp() {
        return isFaceUp;
    }

    // 设定扑克牌所在的牌叠
    public void setPile(Pile pile) {
        this.pile = pile;
    }
}
```

3. 自动归整扑克牌

在 Card 类的 act() 方法中，若检测到鼠标双击扑克牌，则调用 Table 类的 startAutoSorting() 方法来自动归整牌桌上的扑克牌。而根据游戏规则，当桌面上所有的扑克牌都移至归整区牌叠后，游戏便会结束。为此对 Table 类进行修改，添加归整扑克牌的方法以及判定游戏结束的方法。修改后的 Table 类代码如下（粗体字部分表示新添加的代码）：

```
/**
 * 牌桌类，提供打牌的场所
 */
public class Table extends World {

    private boolean isAutoSorting = false;             // 扑克牌是否自动归整
    private UnflippedPile unflippedPile = null;        // 未翻开的扑克牌叠
    private FlippedPile flippedPile = null;            // 已翻开的扑克牌叠
    private ArrayList<WorkingPile> workingPiles = null; // 暂存区的扑克牌叠
    private ArrayList<ResultPile> resultPiles = null;  // 归整区的扑克牌叠

    // 构造方法，建立一张新的牌桌
    public Table() {
```

```java
        super(600, 400, 1);
        addPiles();                                 // 添加牌叠
        addCards();                                 // 添加扑克牌
        dealToWorkingPiles();                       // 发牌到暂存区
    }


    // 添加牌叠
    private void addPiles() {
        // 加上未翻开的扑克牌叠
        unflippedPile = new UnflippedPile();
        addObject(unflippedPile, 48, 57);
        // 加上已翻开的扑克牌叠
        flippedPile = new FlippedPile();
        addObject(flippedPile, 132, 57);
        // 加上暂存区的扑克牌叠
        workingPiles = new ArrayList<WorkingPile>();
        for (int i = 1; i <= 7; i++) {
            WorkingPile pile = new WorkingPile();
            workingPiles.add(pile);
            addObject(pile, -36 + 84 * i, 165);
        }
        // 加上归整区的扑克牌叠
        resultPiles = new ArrayList<ResultPile>();
        for (int i = 1; i <= 4; i++) {
            ResultPile pile = new ResultPile();
            resultPiles.add(pile);
            addObject(pile, 216 + i * 84, 57);
        }
    }


    // 添加扑克牌
    private void addCards(){
        // 产生扑克牌
        ArrayList<Card> cards = new ArrayList<Card>();
        for (Card.Suit suit : Card.Suit.values()) {
            for (int value = 1; value <= 13; value++) {
                cards.add(new Card(suit, value));
            }
        }
        // 洗牌
        Collections.shuffle(cards);
        // 扑克牌加到未翻开的扑克牌叠
        for (Card card : cards) {
            unflippedPile.addCard(card);
        }
    }

    // 每回合检查、执行一轮扑克牌自动归整，并检查游戏是否结束
    public void act() {
        if (isAutoSorting) {                        // 自动归整到无扑克牌可归整为止
            if (!sortOneCard()) {
```

```
                isAutoSorting = false;
            }
        }
        if (isGameOver()) {                          // 如果全部扑克牌都归整了，就结束游戏
            showText("You Win!" , getWidth()/2 , getHeight()/2);
            Greenfoot.stop();
        }
    }

    // 开始扑克牌自动归整
    public void startAutoSorting() {
        isAutoSorting = true;
    }

    // 归整一张扑克牌
    private boolean sortOneCard() {
        // 取得所有要检查的牌叠
        ArrayList<Pile> piles = new ArrayList<Pile>();
        piles.add(flippedPile);
        piles.addAll(workingPiles);
        // 逐一检查待归整的牌叠
        for (Pile from : piles) {
            if (from.getSize() == 0) {               // 若牌叠是空的，就不用检查
                continue;
            }
            Card card = from.getTopCard();
            if (!card.isFaceUp()) {                  // 若最上面的扑克牌没翻开，就不用检查
                continue;
            }
            // 检查每一叠归整区的牌叠
            for (ResultPile target : resultPiles) {
                if (target.isAcceptCard(card)) {          // 若发现可归整的扑克牌，则
                    card = from.takeTopCard(); // 抽取待归整牌叠最上面一张扑克牌
                    target.addCard(card);         // 将扑克牌加入归整区牌叠
                    return true;
                }
            }
        }
        return false;                                // 没有可自动归整的扑克牌，结束自动归整
    }

    // 检查游戏是否结束
    private boolean isGameOver() {
        // 如果全部扑克牌已归整，则游戏结束
        for (ResultPile result : getResultPiles()) {
            if (result.getSize() < 13) {
                return false;
            }
        }
        return true;
    }
```

```java
// 发牌到暂存区
private void dealToWorkingPiles() {
    for (int i = 1; i <= workingPiles.size(); i++) {
        WorkingPile target = workingPiles.get(i - 1);
        // 第 i 叠牌要发 i 张扑克牌
        for (int j = 1; j <= i; j++) {
            Card card = unflippedPile.takeTopCard();
            target.addCard(card);
        }
        // 最上面一张扑克牌要翻开
        target.flipTopCard();
    }
}

// 取得未翻开的扑克牌叠
public UnflippedPile getUnflippedPile() {
    return unflippedPile;
}

// 取得已翻开的扑克牌叠
public FlippedPile getFlippedPile() {
    return flippedPile;
}

// 取得暂存区的扑克牌叠
public ArrayList<WorkingPile> getWorkingPiles() {
    return workingPiles;
}

// 取得归整区的扑克牌叠
public ArrayList<ResultPile> getResultPiles() {
    return resultPiles;
}
```

在 Table 类中新定义了布尔型字段 isAutoSorting，用来标示牌桌上的牌是否已经自动归整。同时在 act() 方法中对 isAutoSorting 的值进行检查，若为 true 表示桌面上还有扑克牌没有归整，于是调用 sortOneCard() 方法在各个牌叠中搜寻可以归整的扑克牌，并将其移至归整区牌叠；若桌面上没有可归整的扑克牌则 isAutoSorting 的值设为 false，此时调用 isGameOver() 方法进一步判断游戏是否结束。若桌面上所有的扑克牌都放入归整区，则停止游戏运行，并在屏幕中央显示游戏结束的文字提示。

编译并运行项目"solitaire4"，测试一下扑克牌的归整功能。当所有扑克牌归整完毕后，可以看到游戏结束画面，如图 13.4 所示。

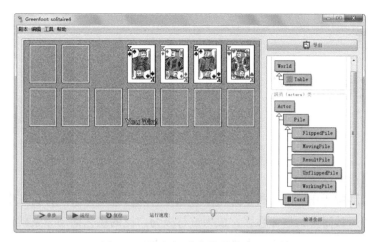

图 13.4　接龙纸牌游戏的结束画面

13.3　游戏扩展练习

至此实现了一个简易的接龙游戏。下面提供一些思路供读者改进和扩展。

（1）添加音乐和音效。为了增强游戏的互动效果，可以考虑为游戏添加背景音乐以及动作音效。可以创建 GreenfootSound 对象来载入事先准备好的背景音乐，并在游戏开始时调用其 play() 方法进行播放。该方法会自动循环播放音乐文件。同时准备一个短小的声音文件作为翻牌时的音效，在执行翻牌操作时可调用 Greenfoot 类的 playSound() 方法来播放该音效。类似地，还可以设置移牌操作时的音效，以及游戏结束时的音效。

（2）设置时间限制。为了进一步增强游戏的挑战性和刺激度，可以为游戏的过程设置时间限制，例如规定 10 分钟内要完成游戏，否则游戏失败。这需要对游戏的运行时间进行统计，并与规定的时长进行比较，一旦游戏运行时间超过规定时长则停止游戏。可以调用 Java API 中获取系统时间的方法来实现此功能。具体来说，首先保存游戏开始时的系统时间，然后在游戏过程中不断地获取当前系统时间，并用当前时间与开始时间相减，其差值便是游戏运行的时间。最后用游戏运行时间与规定时长进行比较即可。

（3）处理牌局无解的情形。在游戏中，偶尔可能遇到这样的局面：桌面上所有翻开的牌既不能移至归整区，也无法移至暂存区的各个牌叠，导致游戏无法继续进行。然而，有时并不容易看出当前牌局能否继续游戏。因此可以考虑让程序自动判断牌局是否有解，从而辅助玩家进行移牌操作。若要实现该功能，则需要对各个牌叠中的牌进行分析，并检查是否存在可以移动的扑克牌：若是则说明当前牌局有解，玩家可以继续移牌；否则说明游戏无解，提示玩家重新开始游戏。

第 14 章
中国象棋游戏

　　中国象棋是起源于中国的一种棋类游戏，属于二人对弈游戏的一种，在中国有着悠久的历史。象棋由于用具简单，趣味性强，成为流行极为广泛的棋艺活动。象棋使用方形格状棋盘及红黑二色圆形棋子进行对弈，棋盘上有 10 条横线、9 条竖线共分成 90 个交叉点；象棋的棋子共有 32 个，每种颜色 16 个棋子，分为 7 个兵种，摆放及活动在交叉点上。对弈中下棋双方交替行棋，先把对方的将（帅）"将死"的一方获胜。中国象棋的游戏界面如图 14.1 所示。

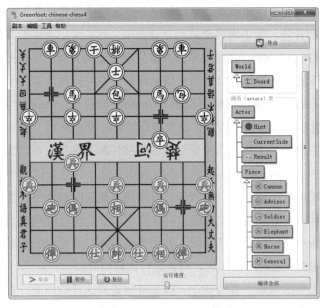

图 14.1　中国象棋游戏界面

14.1　游戏整体设计

　　首先设计游戏的场景和角色。游戏的场景就是棋盘，而游戏的主要角色则是棋子。相应地，可以创建棋盘类（Board）来表示下棋的棋盘，创建棋子类（Piece）来表示棋盘上的棋子。由于中国象棋的棋子种类比较多，而每一类棋子都需要单独创建一个类进行表示，因此可以为棋子类 Piece 创建子类 Soldier、Chariot、Elephant、Cannon、General、Horse 和 Advisor，分别用来表示棋盘上的各类棋子。

此外，为了提供必要的下棋信息，还需要创建如下几个类：

❑ 阵营类（ChessSide），用来表示走棋的阵营为红方或黑方。

❑ 当前阵营类（CurrentSide），用来显示当前轮到哪一方走棋。

❑ 提示类（Hint），用来显示可以走棋的位置。

❑ 棋局结果类（Result），用来显示哪一方获胜。

接下来考虑游戏规则的设计。对于中国象棋来说，主要考虑以下几个问题：

（1）如何表示不同阵营的棋子？

（2）如何为棋子设计走棋规则？

（3）如何操作棋子来下棋？

（4）如何对游戏胜负做出判断？

对于第（1）个问题，可以将红、黑两方的棋子设置为不同的阵营，并为它们准备相应的棋子图像。同时将棋盘划分为上下两部分，红色阵营的棋子放置在棋盘下半部，而黑色阵营的棋子放置在棋盘的上半部。

对于第（2）个问题，需要为各个棋子类进行设计。由于中国象棋的每一类棋子都有特定的走棋规则，因此需要对各类棋子单独设计规则。具体来说，可以根据象棋规则来判断某个棋子当前可以移动到哪些位置，以及可以吃掉哪些棋子。

对于第（3）个问题，需要为游戏设计操作方式。可以采用鼠标拖曳的方式来下棋，即用鼠标左键单击某个棋子，然后按住左键不动，同时将棋子拖动到目标位置，最后松开鼠标完成下棋操作。当然，必须按照走棋的规则来拖曳棋子，否则棋子不能被移动。为了让玩家直观地看到棋子可以移动到哪些位置，可以考虑在游戏中添加走棋提示，即当某个棋子被拖曳时，棋盘上会标示出该棋子可以走到的所有目标位置。

对于第（4）个问题，只需要判断棋盘上的将（或帅）是否被吃掉即可。若黑方的将被吃掉，则红方获胜；反之，若红方的帅被吃掉，则黑方获胜。

14.2 游戏程序实现

基于 14.1 节的考虑和设计，将游戏的实现分解为以下几个小任务，然后逐步实现。

（1）创建棋盘和棋子。创建 Board 类，加载棋盘的图像；创建 Piece 类及其子类，加载棋子的图像，并将棋子摆放在棋盘初始位置上；创建 ChessSide 类，表示下棋的阵营。

（2）设置下棋规则。完善 Piece 类及其子类，实现各类棋子的走棋规则。

（3）实现下棋操作。创建 CurrentSide 类，提示当前的走棋方；创建 Hint 类，用来提示走棋位置；完善 Piece 类，通过鼠标拖曳来下棋，实现双方轮流下棋。

（4）实现胜负判断。创建 Result 类，用来显示获胜方；完善 Board 类，加入游戏结束判断方法。

14.2.1 创建棋盘和棋子

创建一个新的游戏项目，将所有的图片文件复制到该项目所在文件夹下的"images"子目录中。在 Greenfoot 自带的 World 类上创建一个子类，命名为 Board，将其图像设置为事先准备的棋盘图片；在 Actor 类上创建一个子类，命名为 Piece。Piece 类作为所有棋子的父类，它是一个抽象类，不能生成具体的对象。为 Piece 类创建子类 Soldier、Chariot、Elephant、Cannon、General、Horse 和 Advisor，分别用来表示棋子兵（卒）、俥（車）、相（象）、炮（包）、帅（将）、傌（馬）、仕（士）。

接着为 Piece 类编写如下代码：

```
/**
 * 象棋棋子类
 */
public abstract class Piece extends Actor {
    private ChessSide side = null;        // 棋子所属的阵营, 红方还是黑方

    // 构造方法, 建立新的棋子
    public Piece(ChessSide chessSide) {
        side = chessSide;
        setImage(getClass().getName().toLowerCase() + "-" + chessSide + ".png");
    }

    // 棋子加进棋盘后要执行的动作
    protected void addedToWorld(World world) {
        if (side == ChessSide.BLACK) {
            GreenfootImage image = getImage();
            image.rotate(180);
        }
    }

    // 取得棋子所属的阵营
    public ChessSide getSide() {
        return side;
    }
}
```

棋子类中定义了一个 ChessSide 类型的字段 side，用来表示棋子的阵营，同时定义了
getSide() 方法来获取 side 字段的值。在 Piece 类的构造方法中，根据棋子所属的阵营来为
其设置棋子图像。由于红方位于棋盘下方，黑方位于棋盘上方，因此当黑棋被放置在棋盘
上方时要将其图像旋转 180°，使其与红方棋子相对。这可以通过覆写 Actor 类的 addedTo-
World() 方法来实现。

ChessSide 类是这里定义的一个枚举类，用来表示象棋中的阵营。它包含两个对象：
RED 和 BLACK，分别表示象棋的红方和黑方。ChessSide 类的代码如下：

```
/**
 * 象棋的阵营类, 红方或黑方
 */
public enum ChessSide {
    RED ( "red" ),                        // 红方
    BLACK ( "black" );                    // 黑方

    private String s = null;              // 代表阵营的字符串

    // 构造方法, 建立新的阵营
    ChessSide(String str) {
        s = str;
    }

    // 返回阵营代表的字符串
    public String toString() {
        return s;
    }
}
```

最后为棋盘类 Borad 编写代码。创建一个 9×10 的网格，每个方格的大小为 50 像素
×50 像素，而每个方格的中心则对应着棋盘上的一个交叉点。同时定义了 initBoard() 方法来
初始化棋盘。该方法根据中国象棋开局时的棋子分布，生成各棋子的对象，并将它们摆放在
棋盘对应的位置。Board 类的代码如下：

```
/**
 * 棋盘类, 提供下棋的场所
 */
public class Board extends World {
    // 构造方法, 初始化棋盘
    public Board() {
        super(9, 10, 50);
        initBoard();
    }

    // 初始化棋盘, 摆放开局时的棋子
    private void initBoard(){
```

```
Soldier soldier = new Soldier(ChessSide.RED);              // 添加红 "兵"
addObject(soldier, 0, 6);
Soldier soldier2 = new Soldier(ChessSide.RED);
addObject(soldier2, 2, 6);
Soldier soldier3 = new Soldier(ChessSide.RED);
addObject(soldier3, 4, 6);
Soldier soldier4 = new Soldier(ChessSide.RED);
addObject(soldier4, 6, 6);
Soldier soldier5 = new Soldier(ChessSide.RED);
addObject(soldier5, 8, 6);
Chariot chariot = new Chariot(ChessSide.RED);              // 添加红 "俥"
addObject(chariot, 0, 9);
Chariot chariot2 = new Chariot(ChessSide.RED);
addObject(chariot2, 8, 9);
Elephant elephant = new Elephant(ChessSide.RED);           // 添加红 "相"
addObject(elephant, 6, 9);
Elephant elephant2 = new Elephant(ChessSide.RED);
addObject(elephant2, 2, 9);
Cannon cannon = new Cannon(ChessSide.RED);                 // 添加红 "炮"
addObject(cannon, 1, 7);
Cannon cannon2 = new Cannon(ChessSide.RED);
addObject(cannon2, 7, 7);
General general = new General(ChessSide.RED);              // 添加红 "帅"
addObject(general, 4, 9);
Horse horse = new Horse(ChessSide.RED);                    // 添加红 "傌"
addObject(horse, 7, 9);
Horse horse2 = new Horse(ChessSide.RED);
addObject(horse2, 1, 9);
Advisor advisor = new Advisor(ChessSide.RED);              // 添加红 "仕"
addObject(advisor, 3, 9);
Advisor advisor2 = new Advisor(ChessSide.RED);
addObject(advisor2, 5, 9);
Soldier soldier6 = new Soldier(ChessSide.BLACK);           // 添加黑 "卒"
addObject(soldier6, 8, 3);
Soldier soldier7 = new Soldier(ChessSide.BLACK);
addObject(soldier7, 6, 3);
Soldier soldier8 = new Soldier(ChessSide.BLACK);
addObject(soldier8, 4, 3);
Soldier soldier9 = new Soldier(ChessSide.BLACK);
addObject(soldier9, 2, 3);
Soldier soldier10 = new Soldier(ChessSide.BLACK);
addObject(soldier10, 0, 3);
Chariot chariot3 = new Chariot(ChessSide.BLACK);           // 添加黑 "车"
addObject(chariot3, 8, 0);
Chariot chariot4 = new Chariot(ChessSide.BLACK);
addObject(chariot4, 0, 0);
Elephant elephant3 = new Elephant(ChessSide.BLACK);        // 添加黑 "象"
addObject(elephant3, 2, 0);
Elephant elephant4 = new Elephant(ChessSide.BLACK);
addObject(elephant4, 6, 0);
```

```
        Cannon cannon3 = new Cannon(ChessSide.BLACK);          // 添加黑"包"
        addObject(cannon3, 7, 2);
        Cannon cannon4 = new Cannon(ChessSide.BLACK);
        addObject(cannon4, 1, 2);
        General general2 = new General(ChessSide.BLACK);       // 添加黑"将"
        addObject(general2, 4, 0);
        Horse horse3 = new Horse(ChessSide.BLACK);             // 添加黑"馬"
        addObject(horse3, 7, 0);
        Horse horse4 = new Horse(ChessSide.BLACK);
        addObject(horse4, 1, 0);
        Advisor advisor3 = new Advisor(ChessSide.BLACK);       // 添加黑"士"
        addObject(advisor3, 3, 0);
        Advisor advisor4 = new Advisor(ChessSide.BLACK);
        addObject(advisor4, 5, 0);
    }
}
```

编译并运行项目"chinese-chess1",可以看到游戏初始界面如图 14.2 所示。

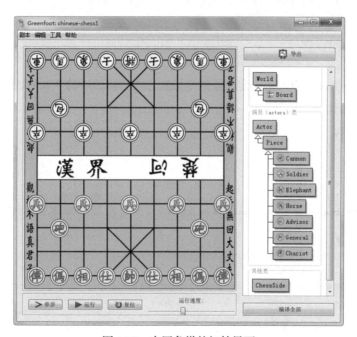

图 14.2　中国象棋的初始界面

14.2.2　设置下棋规则

接下来设置下棋规则。在中国象棋中,各类棋子都有自己独特的走棋规则,因此,需要为各个棋子类分别编写走棋的代码。

1. 完善棋盘和棋子类

首先在 Board 类中添加两个方法：getPieceAt() 和 isOccupiedAt()，前者用来获取某一坐标位置的棋子，后者用来检查某一坐标位置是否有棋子。代码如下：

```
// 获取某一坐标位置的棋子
public Piece getPieceAt(int x, int y) {
    List<Piece> pieces = getObjectsAt(x, y, Piece.class);
    if (pieces.size() > 0) {
        return pieces.get(0);
    }
    return null;
}

// 检查某一坐标位置是否有棋子
public boolean isOccupiedAt(int x, int y) {
    List<Piece> pieces = getObjectsAt(x, y, Piece.class);
    if (pieces.size() > 0) {
        return true;
    }
    return false;
}
```

接着对 Piece 类做一点改进，定义新的字段和方法。修改后的 Piece 类代码如下（粗体字部分表示新添加的代码）：

```
/**
 * 象棋棋子类
 */
public abstract class Piece extends Actor {
    private ChessSide side = null;          // 棋子所属的阵营，红方还是黑方
    private boolean isBottomSide = true;    // 棋子阵地是否在棋盘下方

    // 构造方法，建立新的棋子
    public Piece(ChessSide chessSide) {
        side = chessSide;
        setImage(getClass().getName().toLowerCase() + "-" + chessSide + ".png");
    }

    // 棋子加进棋盘后要执行的动作
    protected void addedToWorld(World world) {
            if (side == ChessSide.BLACK) {
                GreenfootImage image = getImage();
                image.rotate(180);
                isBottomSide = false;
            }
    }

    // 取得棋子所属的阵营
```

```
    public ChessSide getSide() {
        return side;
    }

    // 检查棋子阵地是否在棋盘下方
    public boolean isBottomSide() {
        return isBottomSide;
    }

    // 取得可以吃掉的棋子
    public abstract List<Piece> getCapturables();

    // 取得可以移动的方格
    public abstract List<Point> getMovables();

}
```

在 Piece 类中新定义了一个布尔型字段 isBottomSide，用来标示棋子阵地是否在棋盘下方。值为 true 表示棋子位于红方阵地，值为 false 表示棋子位于黑方阵地。同时定义了方法 isBottomSide()，用来获取 isBottomSide 字段的值。

此外，还新添加了两个方法 getCapturables() 和 getMovables()，前者用来获取可以吃掉的目标棋子的集合，后者获取可以走到的目标位置的坐标集合。不难发现，这两个方法被定义为抽象方法，并没有具体的实现过程。这是由于以上两个方法对于不同类型的棋子有着不同的判断规则，因此需要在各个棋子类中分别加以实现。

2. 实现各个棋子的走棋规则

接下来为各个棋子类编写代码，分别实现各自的 getCapturables() 和 getMovables() 方法。

（1）编写 General 类的代码

General 类表示中国象棋中的帅（将），红方为"帅"，黑方为"将"。它只能在"九宫"之内活动，可上可下，可左可右，每次走动只能按竖线或横线走动一格。帅与将不能在同一直线上直接对面，否则走方判负。General 类的代码如下：

```
/**
 * 中国象棋的帅 / 将
 */
public class General extends Piece {
    // 构造方法，建立新的帅 / 将
    public General(ChessSide chessSide) {
        super(chessSide);
    }

    // 取得可以吃的棋子
    public List<Piece> getCapturables() {
```

```
Board board = (Board) getWorld();
List<Piece> capturables = new ArrayList<Piece>();
int y0 = -1, y1 = -1;
if (isBottomSide()) {                    // 若为红"帅"
    y0 = 7;
    y1 = 9;
} else {                                 // 若为黑"将"
    y0 = 0;
    y1 = 2;
}
// 左方
if (getX() > 3) {
    Piece piece = board.getPieceAt(getX() - 1, getY());
    if (piece != null) {
        if (getSide() != piece.getSide()) {
            capturables.add(piece);
        }
    }
}
// 右方
if (getX() < 5) {
    Piece piece = board.getPieceAt(getX() + 1, getY());
    if (piece != null) {
        if (getSide() != piece.getSide()) {
            capturables.add(piece);
        }
    }
}
// 上方
if (getY() > y0) {
    Piece piece = board.getPieceAt(getX(), getY() - 1);
    if (piece != null) {
        if (getSide() != piece.getSide()) {
            capturables.add(piece);
        }
    }
}
// 下方
if (getY() < y1) {
    Piece piece = board.getPieceAt(getX(), getY() + 1);
    if (piece != null) {
        if (getSide() != piece.getSide()) {
            capturables.add(piece);
        }
    }
}
// 将帅不能见面
if (isBottomSide()) {
    for (int y = getY() - 1; y >= 0; y--) {
        Piece piece = board.getPieceAt(getX(), y);
```

```
                    if (piece != null) {
                        if (piece instanceof General && getSide() != piece.getSide()) {
                            capturables.add(piece);
                        }
                        break;
                    }
                }
            } else {
                for (int y = getY() + 1; y < 10; y++) {
                    Piece piece = board.getPieceAt(getX(), y);
                    if (piece != null) {
                        if (piece instanceof General && getSide() != piece.getSide()) {
                            capturables.add(piece);
                        }
                        break;
                    }
                }
            }
        return capturables;
    }


    // 取得可以走的空格
    public List<Point> getMovables() {
        Board board = (Board) getWorld();
        List<Point> movables = new ArrayList<Point>();
        int y0 = -1, y1 = -1;

        if (isBottomSide()) {              // 若为红"帅"
            y0 = 7;
            y1 = 9;
        } else {                            // 若为黑"将"
            y0 = 0;
            y1 = 2;
        }
        // 左方
        if (getX() > 3) {
            if (!board.isOccupiedAt(getX() - 1, getY())) {
                movables.add(new Point(getX() - 1, getY()));
            }
        }
        // 右方
        if (getX() < 5) {
            if (!board.isOccupiedAt(getX() + 1, getY())) {
                movables.add(new Point(getX() + 1, getY()));
            }
        }
        // 上方
        if (getY() > y0) {
            if (!board.isOccupiedAt(getX(), getY() - 1)) {
                movables.add(new Point(getX(), getY() - 1));
```

```
                }
            }
            // 下方
            if (getY() < y1) {
                if (!board.isOccupiedAt(getX(), getY() + 1)) {
                    movables.add(new Point(getX(), getY() + 1));
                }
            }
            return movables;
        }
}
```

（2）编写 Advisor 类的代码

Advisor 类表示象棋中的仕（士），红方为"仕"，黑方为"士"。它也只能在九宫内走动。它的行棋路径只能是九宫内的斜线。士一次只能走一个斜格。Advisor 类的代码如下：

```
/**
 * 中国象棋的仕 / 士
 */
public class Advisor extends Piece {
    // 构造方法，建立新的仕 / 士
    public Advisor(ChessSide chessSide) {
        super(chessSide);
    }

    // 取得可以吃的棋子
    public List<Piece> getCapturables() {
        Board board = (Board) getWorld();
        List<Piece> capturables = new ArrayList<Piece>();
        int y0 = -1, y1 = -1;
        if (isBottomSide()) {               // 若为红"仕"
            y0 = 7;
            y1 = 9;
        } else {                            // 若为黑"士"
            y0 = 0;
            y1 = 2;
        }
        // 左方
        if (getX() > 3) {
            // 左上方
            if (getY() > y0) {
                Piece piece = board.getPieceAt(getX() - 1, getY() - 1);
                if (piece != null) {
                    if (getSide() != piece.getSide()) {
                        capturables.add(piece);
                    }
                }
            }
            // 左下方
```

```java
            if (getY() < y1) {
                Piece piece = board.getPieceAt(getX() - 1, getY() + 1);
                if (piece != null) {
                    if (getSide() != piece.getSide()) {
                        capturables.add(piece);
                    }
                }
            }
        }
        // 右方
        if (getX() < 5) {
            // 右上方
            if (getY() > y0) {
                Piece piece = board.getPieceAt(getX() + 1, getY() - 1);
                if (piece != null) {
                    if (getSide() != piece.getSide()) {
                        capturables.add(piece);
                    }
                }
            }
            // 右下方
            if (getY() < y1) {
                Piece piece = board.getPieceAt(getX() + 1, getY() + 1);
                if (piece != null) {
                    if (getSide() != piece.getSide()) {
                        capturables.add(piece);
                    }
                }
            }
        }
        return capturables;
    }


    // 取得可以走的空格
    public List<Point> getMovables() {
        Board board = (Board) getWorld();
        List<Point> movables = new ArrayList<Point>();
        int y0 = -1, y1 = -1;
        if (isBottomSide()) {              // 若为红"仕"
            y0 = 7;
            y1 = 9;
        } else {                           // 若为黑"士"
            y0 = 0;
            y1 = 2;
        }
        // 左方
        if (getX() > 3) {
            // 左上方
            if (getY() > y0) {
                if (!board.isOccupiedAt(getX() - 1, getY() - 1)) {
```

```
                    movables.add(new Point(getX() - 1, getY() - 1));
                }
            }
            // 左下方
            if (getY() < y1) {
                if (!board.isOccupiedAt(getX() - 1, getY() + 1)) {
                    movables.add(new Point(getX() - 1, getY() + 1));
                }
            }
        }
        // 右方
        if (getX() < 5) {
            // 右上方
            if (getY() > y0) {
                if (!board.isOccupiedAt(getX() + 1, getY() - 1)) {
                    movables.add(new Point(getX() + 1, getY() - 1));
                }
            }
            // 右下方
            if (getY() < y1) {
                if (!board.isOccupiedAt(getX() + 1, getY() + 1)) {
                    movables.add(new Point(getX() + 1, getY() + 1));
                }
            }
        }
        return movables;
    }
}
```

（3）编写 Elephant 类的代码

Elephant 类表示象棋中的相（象），红方为"相"，黑方为"象"。它的走法是每次循对角线走两格，俗称"象飞田"。相（象）的活动范围限于"河界"以内的本方阵地，不能过河，而且，如果它走的"田"字中央有一个棋子，就不能走棋，俗称"塞象眼"。Elephant 类的代码如下：

```
/**
 * 中国象棋的相 / 象
 */
public class Elephant extends Piece {
    // 构造方法，建立新的相 / 象
    public Elephant(ChessSide chessSide) {
        super(chessSide);
    }

    // 取得可以吃的棋子
    public List<Piece> getCapturables() {
        Board board = (Board) getWorld();
        List<Piece> capturables = new ArrayList<Piece>();
```

```
int y0 = -1, y1 = -1;
if (isBottomSide()) {                    // 若为红"相"
    y0 = 6;
    y1 = 8;
} else {                                 // 若为黑"象"
    y0 = 1;
    y1 = 3;
}
// 左方
if (getX() > 1) {
    // 左上方
    if (getY() > y0) {
        // 没有塞象眼
        if (!board.isOccupiedAt(getX() - 1, getY() - 1)) {
            Piece piece = board.getPieceAt(getX() - 2, getY() - 2);
            if (piece != null) {
                if (getSide() != piece.getSide()) {
                    capturables.add(piece);
                }
            }
        }
    }
    // 左下方
    if (getY() < y1) {
        // 没有塞象眼
        if (!board.isOccupiedAt(getX() - 1, getY() + 1)) {
            Piece piece = board.getPieceAt(getX() - 2, getY() + 2);
            if (piece != null) {
                if (getSide() != piece.getSide()) {
                    capturables.add(piece);
                }
            }
        }
    }
}
// 右方
if (getX() < 7) {
    // 右上方
    if (getY() > y0) {
        // 没有塞象眼
        if (!board.isOccupiedAt(getX() + 1, getY() - 1)) {
            Piece piece = board.getPieceAt(getX() + 2, getY() - 2);
            if (piece != null) {
                if (getSide() != piece.getSide()) {
                    capturables.add(piece);
                }
            }
        }
    }
    // 右下方
```

```
            if (getY() < y1) {
                // 没有塞象眼
                if (!board.isOccupiedAt(getX() + 1, getY() + 1)) {
                    Piece piece = board.getPieceAt(getX() + 2, getY() + 2);
                    if (piece != null) {
                        if (getSide() != piece.getSide()) {
                            capturables.add(piece);
                        }
                    }
                }
            }
        }
    }
    return capturables;
}
```

```
// 取得可以走的空格
public List<Point> getMovables() {
    Board board = (Board) getWorld();
    List<Point> movables = new ArrayList<Point>();
    int y0 = -1, y1 = -1;
    if (isBottomSide()) {                    // 若为红"相"
        y0 = 6;
        y1 = 8;
    } else {                                 // 若为黑"象"
        y0 = 1;
        y1 = 3;
    }
    // 左方
    if (getX() > 1) {
        // 左上方
        if (getY() > y0) {
            // 没有塞象眼
            if (!board.isOccupiedAt(getX() - 1, getY() - 1)) {
                if (!board.isOccupiedAt(getX() - 2, getY() - 2)) {
                    movables.add(new Point(getX() - 2, getY() - 2));
                }
            }
        }
        // 左下方
        if (getY() < y1) {
            // 没有塞象眼
            if (!board.isOccupiedAt(getX() - 1, getY() + 1)) {
                if (!board.isOccupiedAt(getX() - 2, getY() + 2)) {
                    movables.add(new Point(getX() - 2, getY() + 2));
                }
            }
        }
    }
    // 右方
    if (getX() < 7) {
```

```
                // 右上方
                if (getY() > y0) {
                    // 没有塞象眼
                    if (!board.isOccupiedAt(getX() + 1, getY() - 1)) {
                        if (!board.isOccupiedAt(getX() + 2, getY() - 2)) {
                            movables.add(new Point(getX() + 2, getY() - 2));
                        }
                    }
                }
                // 右下方
                if (getY() < y1) {
                    // 没有塞象眼
                    if (!board.isOccupiedAt(getX() + 1, getY() + 1)) {
                        if (!board.isOccupiedAt(getX() + 2, getY() + 2)) {
                            movables.add(new Point(getX() + 2, getY() + 2));
                        }
                    }
                }
            }
        }
        return movables;
    }
}
```

（4）编写 Chariot 类的代码

Chariot 类表示象棋中的俥（車），红方为"俥"，黑方为"車"。车在象棋中威力最大，无论横线、竖线均可行走。只要无子阻拦，步数不受限制，俗称"车行直路"。 Chariot 类的代码如下：

```
/**
 * 中国象棋的俥 / 车
 */
public class Chariot extends Piece {
    // 构造方法，建立新的俥 / 车
    public Chariot(ChessSide chessSide) {
        super(chessSide);
    }

    // 取得可以吃的棋子
    public List<Piece> getCapturables() {
        Board board = (Board) getWorld();
        List<Piece> capturables = new ArrayList<Piece>();
        // 左方
        for (int x = getX() - 1; x >= 0; x--) {
            Piece piece = board.getPieceAt(x, getY());
            if (piece != null) {
                if (getSide() != piece.getSide()) {
                    capturables.add(piece);
                }
```

```
                    break;
                }
        }
        // 右方
        for (int x = getX() + 1; x < 9; x++) {
            Piece piece = board.getPieceAt(x, getY());
            if (piece != null) {
                if (getSide() != piece.getSide()) {
                    capturables.add(piece);
                }
                break;
            }
        }
        // 上方
        for (int y = getY() - 1; y >= 0; y--) {
            Piece piece = board.getPieceAt(getX(), y);
            if (piece != null) {
                if (getSide() != piece.getSide()) {
                    capturables.add(piece);
                }
                break;
            }
        }
        // 下方
        for (int y = getY() + 1; y < 10; y++) {
            Piece piece = board.getPieceAt(getX(), y);
            if (piece != null) {
                if (getSide() != piece.getSide()) {
                    capturables.add(piece);
                }
                break;
            }
        }
        return capturables;
}

// 取得可以走的空格
public List<Point> getMovables() {
        Board board = (Board) getWorld();
        List<Point> movables = new ArrayList<Point>();
        // 左方
        for (int x = getX() - 1; x >= 0; x--) {
            if (board.isOccupiedAt(x, getY())) {
                break;
            }
            movables.add(new Point(x, getY()));
        }
        // 右方
        for (int x = getX() + 1; x < 9; x++) {
            if (board.isOccupiedAt(x, getY())) {
```

```
                    break;
                }
                movables.add(new Point(x, getY()));
            }
            //上方
            for (int y = getY() - 1; y >= 0; y--) {
                if (board.isOccupiedAt(getX(), y)) {
                    break;
                }
                movables.add(new Point(getX(), y));
            }
            //下方
            for (int y = getY() + 1; y < 10; y++) {
                if (board.isOccupiedAt(getX(), y)) {
                    break;
                }
                movables.add(new Point(getX(), y));
            }
            return movables;
        }
    }
```

（5）编写 Cannon 类的代码

Cannon 类表示象棋中的炮（包），红方为“炮”，黑方为“包”。炮在不吃子的时候，走动与车完全相同。但炮在吃子时，必须跳过一个棋子（己方的和敌方的都可以），俗称“炮打隔子”。Cannon 类的代码如下：

```
/**
 * 中国象棋的炮 / 包
 */
public class Cannon extends Piece {
    //构造方法，建立新的炮 / 包
    public Cannon(ChessSide chessSide) {
        super(chessSide);
    }

    //取得可以吃的棋子
    public List<Piece> getCapturables() {
        Board board = (Board) getWorld();
        List<Piece> capturables = new ArrayList<Piece>();
        //左方
        for (int x = getX() - 1; x >= 0; x--) {
            if (board.isOccupiedAt(x, getY())) {
                for (x = x - 1; x >= 0; x--) {
                    Piece piece = board.getPieceAt(x, getY());
                    if (piece != null) {
                        if (getSide() != piece.getSide()) {
                            capturables.add(piece);
```

```
                }
                break;
            }
        }
        break;
    }
}
// 右方
for (int x = getX() + 1; x < 9; x++) {
    if (board.isOccupiedAt(x, getY())) {
        for (x = x + 1; x < 9; x++) {
            Piece piece = board.getPieceAt(x, getY());
            if (piece != null) {
                if (getSide() != piece.getSide()) {
                    capturables.add(piece);
                }
                break;
            }
        }
        break;
    }
}
// 上方
for (int y = getY() - 1; y >= 0; y--) {
    if (board.isOccupiedAt(getX(), y)) {
        for (y = y - 1; y >= 0; y--) {
            Piece piece = board.getPieceAt(getX(), y);
            if (piece != null) {
                if (getSide() != piece.getSide()) {
                    capturables.add(piece);
                }
                break;
            }
        }
        break;
    }
}
// 下方
for (int y = getY() + 1; y < 10; y++) {
    if (board.isOccupiedAt(getX(), y)) {
        for (y = y + 1; y < 10; y++) {
            Piece piece = board.getPieceAt(getX(), y);
            if (piece != null) {
                if (getSide() != piece.getSide()) {
                    capturables.add(piece);
                }
                break;
            }
        }
        break;
```

```
            }
        }
        return capturables;
    }


    // 取得可以走的空格
    public List<Point> getMovables() {
        Board board = (Board) getWorld();
        List<Point> movables = new ArrayList<Point>();
        // 左方
        for (int x = getX() - 1; x >= 0; x--) {
            if (board.isOccupiedAt(x, getY())) {
                break;
            }
            movables.add(new Point(x, getY()));
        }
        // 右方
        for (int x = getX() + 1; x < 9; x++) {
            if (board.isOccupiedAt(x, getY())) {
                break;
            }
            movables.add(new Point(x, getY()));
        }
        // 上方
        for (int y = getY() - 1; y >= 0; y--) {
            if (board.isOccupiedAt(getX(), y)) {
                break;
            }
            movables.add(new Point(getX(), y));
        }
        // 下方
        for (int y = getY() + 1; y < 10; y++) {
            if (board.isOccupiedAt(getX(), y)) {
                break;
            }
            movables.add(new Point(getX(), y));
        }
        return movables;
    }
}
```

（6）编写 Horse 类的代码

Horse 表示象棋中的傌（馬），红方为"傌"，黑方为"馬"。马走动的方法是一直一斜，即先横着或直着走一格，然后再斜着走一个对角线，俗称"马走日"。如果在要走的方向有别的棋子挡住，马就无法走过去，俗称"蹩马脚"。Horse 类的代码如下：

```
/**
 * 中国象棋的傌 / 馬
```

```
*/
public class Horse extends Piece {
    // 构造方法，建立新的傌 / 馬
    public Horse(ChessSide chessSide) {
        super(chessSide);
    }


    // 取得可以吃的棋子
    public List<Piece> getCapturables() {
        Board board = (Board) getWorld();
        List<Piece> capturables = new ArrayList<Piece>();
        // 左方
        if (getX() > 1) {
            if (!board.isOccupiedAt(getX() - 1, getY())) {
                if (getY() > 0) {
                    Piece piece = board.getPieceAt(getX() - 2, getY() - 1);
                    if (piece != null) {
                        if (getSide() != piece.getSide()) {
                            capturables.add(piece);
                        }
                    }
                }
                if (getY() < 9) {
                    Piece piece = board.getPieceAt(getX() - 2, getY() + 1);
                    if (piece != null) {
                        if (getSide() != piece.getSide()) {
                            capturables.add(piece);
                        }
                    }
                }
            }
        }
        // 右方
        if (getX() < 7) {
            if (!board.isOccupiedAt(getX() + 1, getY())) {
                if (getY() > 0) {
                    Piece piece = board.getPieceAt(getX() + 2, getY() - 1);
                    if (piece != null) {
                        if (getSide() != piece.getSide()) {
                            capturables.add(piece);
                        }
                    }
                }
                if (getY() < 9) {
                    Piece piece = board.getPieceAt(getX() + 2, getY() + 1);
                    if (piece != null) {
                        if (getSide() != piece.getSide()) {
                            capturables.add(piece);
                        }
                    }
                }
```

```
                }
            }
        }
        // 上方
        if (getY() > 1) {
            if (!board.isOccupiedAt(getX(), getY() - 1)) {
                if (getX() > 0) {
                    Piece piece = board.getPieceAt(getX() - 1, getY() - 2);
                    if (piece != null) {
                        if (getSide() != piece.getSide()) {
                            capturables.add(piece);
                        }
                    }
                }
                if (getX() < 8) {
                    Piece piece = board.getPieceAt(getX() + 1, getY() - 2);
                    if (piece != null) {
                        if (getSide() != piece.getSide()) {
                            capturables.add(piece);
                        }
                    }
                }
            }
        }
        // 下方
        if (getY() < 8) {
            if (!board.isOccupiedAt(getX(), getY() + 1)) {
                if (getX() > 0) {
                    Piece piece = board.getPieceAt(getX() - 1, getY() + 2);
                    if (piece != null) {
                        if (getSide() != piece.getSide()) {
                            capturables.add(piece);
                        }
                    }
                }
                if (getX() < 8) {
                    Piece piece = board.getPieceAt(getX() + 1, getY() + 2);
                    if (piece != null) {
                        if (getSide() != piece.getSide()) {
                            capturables.add(piece);
                        }
                    }
                }
            }
        }
        return capturables;
    }

// 取得可以走的空格
public List<Point> getMovables() {
```

```
Board board = (Board) getWorld();
List<Point> movables = new ArrayList<Point>();
// 左方
if (getX() > 1) {
    if (!board.isOccupiedAt(getX() - 1, getY())) {
        if (getY() > 0) {
            if (!board.isOccupiedAt(getX() - 2, getY() - 1)) {
                movables.add(new Point(getX() - 2, getY() - 1));
            }
        }
        if (getY() < 9) {
            if (!board.isOccupiedAt(getX() - 2, getY() + 1)) {
                movables.add(new Point(getX() - 2, getY() + 1));
            }
        }
    }
}
// 右方
if (getX() < 7) {
    if (!board.isOccupiedAt(getX() + 1, getY())) {
        if (getY() > 0) {
            if (!board.isOccupiedAt(getX() + 2, getY() - 1)) {
                movables.add(new Point(getX() + 2, getY() - 1));
            }
        }
        if (getY() < 9) {
            if (!board.isOccupiedAt(getX() + 2, getY() + 1)) {
                movables.add(new Point(getX() + 2, getY() + 1));
            }
        }
    }
}
// 上方
if (getY() > 1) {
    if (!board.isOccupiedAt(getX(), getY() - 1)) {
        if (getX() > 0) {
            if (!board.isOccupiedAt(getX() - 1, getY() - 2)) {
                movables.add(new Point(getX() - 1, getY() - 2));
            }
        }
        if (getX() < 8) {
            if (!board.isOccupiedAt(getX() + 1, getY() - 2)) {
                movables.add(new Point(getX() + 1, getY() - 2));
            }
        }
    }
}
// 下方
if (getY() < 8) {
    if (!board.isOccupiedAt(getX(), getY() + 1)) {
```

```
                    if (getX() > 0) {
                        if (!board.isOccupiedAt(getX() - 1, getY() + 2)) {
                            movables.add(new Point(getX() - 1, getY() + 2));
                        }
                    }
                    if (getX() < 8) {
                        if (!board.isOccupiedAt(getX() + 1, getY() + 2)) {
                            movables.add(new Point(getX() + 1, getY() + 2));
                        }
                    }
                }
            }
        return movables;
    }
}
```

（7）编写 Soldier 类的代码

Soldier 表示象棋中的兵（卒），红方为"兵"，黑方为"卒"。兵（卒）只能向前走，不能后退。在未过河前，不能横走；过河以后，可左、右移动，但一次只能移动一步。Soldier 类的代码如下：

```
/**
 * 中国象棋的兵 / 卒
 */
public class Soldier extends Piece {
    // 构造方法，建立新的兵 / 卒
    public Soldier(ChessSide chessSide) {
        super(chessSide);
    }

    // 取得可以吃的棋子
    public List<Piece> getCapturables() {
        Board board = (Board) getWorld();
        List<Piece> capturables = new ArrayList<Piece>();
        // 若为红 " 兵 "
        if (isBottomSide()) {
            // 未过河
            if (getY() > 4) {
                Piece piece = board.getPieceAt(getX(), getY() - 1);
                if (piece != null) {
                    if (getSide() != piece.getSide()) {
                        capturables.add(piece);
                    }
                }
            // 已过河
            } else {
                Piece piece = null;
                piece = board.getPieceAt(getX(), getY() - 1);
```

```java
                    if (piece != null) {
                        if (getSide() != piece.getSide()) {
                            capturables.add(piece);
                        }
                    }
                    piece = board.getPieceAt(getX() - 1, getY());
                    if (piece != null) {
                        if (getSide() != piece.getSide()) {
                            capturables.add(piece);
                        }
                    }
                    piece = board.getPieceAt(getX() + 1, getY());
                    if (piece != null) {
                        if (getSide() != piece.getSide()) {
                            capturables.add(piece);
                        }
                    }
                }
            // 若为黑"卒"
            } else {
                // 未过河
                if (getY() < 5) {
                    Piece piece = board.getPieceAt(getX(), getY() + 1);
                    if (piece != null) {
                        if (getSide() != piece.getSide()) {
                            capturables.add(piece);
                        }
                    }
                // 已过河
                } else {
                    Piece piece = null;
                    piece = board.getPieceAt(getX(), getY() + 1);
                    if (piece != null) {
                        if (getSide() != piece.getSide()) {
                            capturables.add(piece);
                        }
                    }
                    piece = board.getPieceAt(getX() - 1, getY());
                    if (piece != null) {
                        if (getSide() != piece.getSide()) {
                            capturables.add(piece);
                        }
                    }
                    piece = board.getPieceAt(getX() + 1, getY());
                    if (piece != null) {
                        if (getSide() != piece.getSide()) {
                            capturables.add(piece);
                        }
                    }
                }
```

```
        }
        return capturables;
    }


    // 取得可以走的空格
    public List<Point> getMovables() {
        Board board = (Board) getWorld();
        List<Point> movables = new ArrayList<Point>();
        // 若为红"兵"
        if (isBottomSide()) {
            // 未过河
            if (getY() > 4) {
                if (!board.isOccupiedAt(getX(), getY() - 1)) {
                    movables.add(new Point(getX(), getY() - 1));
                }
            // 已过河
            } else {
                if (!board.isOccupiedAt(getX(), getY() - 1)) {
                    movables.add(new Point(getX(), getY() - 1));
                }
                if (!board.isOccupiedAt(getX() - 1, getY())) {
                    movables.add(new Point(getX() - 1, getY()));
                }
                if (!board.isOccupiedAt(getX() + 1, getY())) {
                    movables.add(new Point(getX() + 1, getY()));
                }
            }
        // 若为黑"卒"
        } else {
            // 未过河
            if (getY() < 5) {
                if (!board.isOccupiedAt(getX(), getY() + 1)) {
                    movables.add(new Point(getX(), getY() + 1));
                }
            // 已过河
            } else {
                if (!board.isOccupiedAt(getX(), getY() + 1)) {
                    movables.add(new Point(getX(), getY() + 1));
                }
                if (!board.isOccupiedAt(getX() - 1, getY())) {
                    movables.add(new Point(getX() - 1, getY()));
                }
                if (!board.isOccupiedAt(getX() + 1, getY())) {
                    movables.add(new Point(getX() + 1, getY()));
                }
            }
        }
        return movables;
    }
}
```

14.2.3　实现下棋操作

至此已经为各类棋子设置了下棋规则，接下来便要实现下棋操作。由于这里采用鼠标拖曳的方式来下棋，因此需要对鼠标拖曳事件进行处理。按照面向对象的编程思想，只需要在所有棋子的父类 Piece 中处理鼠标事件，而不需要对各个具体的棋子类进行处理。这样就极大地简化了程序代码。

为了直观地反映出棋子的所有可走位置，新建提示类 Hint，用来标示棋子的目标位置。接着对 Piece 类进行修改，定义 tagAvailableMoves() 方法来生成和放置 Hint 对象。同时在 act() 方法中对鼠标的拖曳事件进行处理，从而完成下棋操作。改进后的 Piece 类代码如下（粗体字部分表示新添加的代码）：

```
/**
 * 象棋棋子类
 */
public abstract class Piece extends Actor {

    private ChessSide side = null;           // 棋子所属的阵营，红方还是黑方
    private boolean isBottomSide = true;     // 棋子阵地是否在棋盘下方
    private boolean isDragging = false;      // 是否正在被鼠标拖曳中
    private int fromX = -1;                  // 棋子原来位置的横坐标
    private int fromY = -1;                  // 棋子原来位置的纵坐标

    // 构造方法，建立新的棋子
    public Piece(ChessSide chessSide) {
        side = chessSide;
        setImage(getClass().getName().toLowerCase() + "-" + chessSide + ".png");
    }

    // 棋子加进棋盘后要执行的动作
    protected void addedToWorld(World world) {
        if (side == ChessSide.BLACK) {
            GreenfootImage image = getImage();
            image.rotate(180);
            isBottomSide = false;
        }
    }

    // 游戏循环，每一回合执行一次
    public void act() {
        Board board = (Board) getWorld();
        if (side == board.getCurrentSide()) {
            // 开始拖曳棋子，标示可移动的位置
            if (!isDragging && Greenfoot.mouseDragged(this)) {
                isDragging = true;
                fromX = getX();
                fromY = getY();
                tagAvailableMoves();             // 添加提示对象
```

```
                    }
                    // 棋子在拖曳中，只能拖动到可走棋的位置
                    if (Greenfoot.mouseDragged(this)) {
                        MouseInfo mouse = Greenfoot.getMouseInfo();
                        List<Hint> hints = board.getObjectsAt(mouse.getX(), mouse.getY(),
Hint.class);
                        // 若鼠标所处位置存在提示对象，则将棋子移动到鼠标所处位置
                        if (hints.size() > 0) {
                            setLocation(mouse.getX(), mouse.getY());
                        }
                    }
                    // 拖曳结束，走棋完成
                    if (Greenfoot.mouseDragEnded(this)) {
                        isDragging = false;
                        // 移除棋盘上的所有提示对象
                        List<Hint> hints = board.getObjects(Hint.class);
                        board.removeObjects(hints);
                        // 若棋子的原始位置和目标位置不同，则更新棋子位置
                        if (getX() != fromX || getY() != fromY) {
                            List<Piece> pieces = board.getObjectsAt(getX(), getY(),
Piece.class);
                            pieces.remove(this);
                            board.removeObjects(pieces);          // 移除被吃掉的棋子
                            board.switchSide();                   // 换到对方走棋
                        }
                    }
                }
            }
        }


    // 标示下一步可以走的位置
    public void tagAvailableMoves() {
        Board board = (Board) getWorld();
        // 在当前位置上放置提示对象
        int x = getX(), y = getY();
        board.addObject(new Hint(), x, y);
        // 在所有可以吃掉的目标棋子上放置提示对象
        for (Piece target : getCapturables()) {
            board.addObject(new Hint(), target.getX(), target.getY());
        }
        // 在所有可以走到的目标位置上放置提示对象
        for (Point target : getMovables()) {
            board.addObject(new Hint(), target.x, target.y);
        }
        // 重新加入自身，把自身放置在提示对象的上方
        board.removeObject(this);
        board.addObject(this, x, y);
    }

    // 取得棋子所属的阵营
    public ChessSide getSide() {
        return side;
    }
```

```
    // 检查棋子阵地是否在棋盘下方
    public boolean isBottomSide() {
        return isBottomSide;
    }

    // 取得可以吃掉的棋子
    public abstract List<Piece> getCapturables();

    // 取得可以移动的方格
    public abstract List<Point> getMovables();

}
```

在 act() 方法中，对鼠标的拖曳事件分三个阶段进行处理。

第一阶段是开始拖曳时的处理。此阶段记录棋子的起始坐标，并调用 tagAvailableMoves() 方法来添加走棋提示。不难发现，tagAvailableMoves() 方法在棋子所有可以走到的目标位置上，以及所有可吃掉的目标棋子上都放置了一个提示对象。

第二阶段是拖曳过程中的处理。此阶段会判断棋子是否被拖曳到正确的目标位置，并即时地更新棋子的当前位置。

第三阶段是拖曳结束时的处理。此阶段完成下棋操作：首先移除所有的提示对象，然后清除被吃掉的棋子，最后切换到对方下棋。需要注意的是，交换下棋双方是通过调用 switchSide() 方法来实现的，该方法是在 Board 类中定义的，代码如下：

```
// 交换下棋方
public void switchSide() {
    switch (currentSide) {
        case RED:
        currentSide = ChessSide.BLACK;
        break;
        case BLACK:
        currentSide = ChessSide.RED;
        break;
    }
    List<CurrentSide> sides = getObjects(CurrentSide.class);
    sides.get(0).switchSide();
}
```

为了让玩家清楚地知道当前轮到哪一方走棋，这里创建了当前走棋方类 CurrentSide 进行标示。将 CurrentSide 对象放置在棋盘中间双方阵地的交界处，并分别用红色和黑色的矩形表示当前走棋的是红方或是黑方。CurrentSide 类的代码如下：

```
/**
 * 当前走棋方类，显示当前轮到哪一方走棋
 */
public class CurrentSide extends Actor {
```

```
// 显示红方走棋
private GreenfootImage sideRed = new GreenfootImage("side-red.png");
// 显示黑方走棋
private GreenfootImage sideBlack = new GreenfootImage("side-black.png");

// 构造方法,初始化走棋方图像
public CurrentSide(ChessSide side) {
    switch (side) {
    case RED:
        setImage(sideRed);
        break;
    case BLACK:
        setImage(sideBlack);
        break;
    }
}

// 切换走棋方
public void switchSide() {
    if (getImage() == sideRed) {
        setImage(sideBlack);
    } else {
        setImage(sideRed);
    }
}
}
```

编译并运行项目"chinese-chess3",可以看到下棋时的画面如图 14.3 所示。

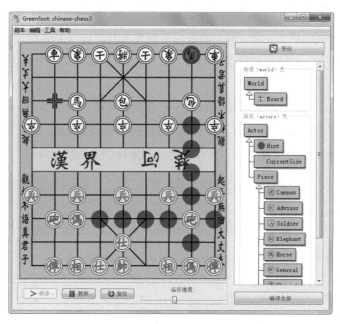

图 14.3　中国象棋游戏的下棋画面

14.2.4　实现胜负判断

最后为游戏实现胜负的判断。根据中国象棋的规则，若某一方的帅（或将）被对方"将死"，或者没有任何棋子可以移动，则该方输棋，对方获胜。针对本章的游戏，可以将胜负的判定规则进行简化，即直接判断某一方的帅（将）是否被对方吃掉，若是则该方输棋，对方获胜。

新建一个棋局结果类 Result，用来显示获胜的一方。这里分别准备了红方获胜和黑方获胜的图片作为 Result 对象的图像，若某一方获胜则显示该方的获胜图像。

此外，在 Board 类中定义 checkGameOver() 方法来判断棋局的胜负，代码如下：

```
// 检查游戏是否结束
private void checkGameOver() {
    List<General> generals = getObjects(General.class);
    // 若棋盘上"帅"和"帅"的总数不为 2，则游戏结束
    if (generals.size() != 2) {
        if (generals.get(0).getSide() == ChessSide.RED) {      // 若棋盘只剩下红"帅"
            addObject(new Result(ChessSide.RED), 4, 4);         // 显示红方获胜
        }
        else {                                                  // 若棋盘只剩下黑"将"
            addObject(new Result(ChessSide.BLACK), 4, 4);       // 显示黑方获胜
        }
        Greenfoot.stop();
    }
}
```

上述方法通过判断棋盘上帅（将）的数目及颜色来判定游戏是否结束，以及哪一方赢得棋局。若棋盘上只有一个红色的棋子"帅"，则红方获胜；若只有黑色的棋子"将"，则黑方获胜。

最后，对 Board 类的 switchSide() 方法进行修改，在最前面加入对 checkGameOver() 方法的调用。于是每当切换下棋方时，便会首先检查棋局是否结束，进而完成棋局胜负的判断。修改后的 switchSide() 方法如下（粗体字部分表示新添加的代码）：

```
// 交换下棋方
public void switchSide() {
    checkGameOver();
    switch (currentSide) {
        case RED:
        currentSide = ChessSide.BLACK;
        break;
        case BLACK:
        currentSide = ChessSide.RED;
        break;
    }
```

```
        List<CurrentSide> sides = getObjects(CurrentSide.class);
        sides.get(0).switchSide();
    }
```

编译并运行项目"chinese-chess4"，可以看到棋局结束时的画面如图 14.4 所示。

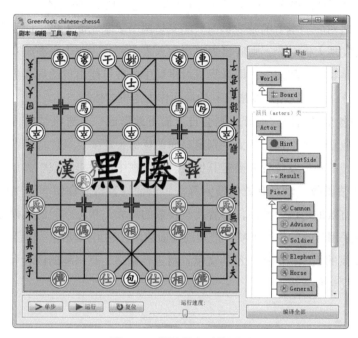

图 14.4　棋局结束时的画面

14.3　游戏扩展练习

至此已经实现了中国象棋游戏的基本功能。然而，本章的游戏还存在很多可以改进的地方，下面提供一些改进思路。

（1）添加和棋判定。目前本章的游戏只存在两种结局：要么红方获胜，要么黑方获胜，而没有考虑双方和棋的情况。可以考虑为游戏加入和棋的判定，最简单的判断规则是：若双方超过 60 步（或者其他某个数值）都没有执行吃子的操作，则判定双方和棋。

从程序角度来说，可以设置一个全局变量来记录双方的下棋步数，无论红方或是黑方，只要某方下了一步棋，则将该变量的值加 1，同时判断该变量是否超过了限定的数值，若超过则判定双方和棋。但如果在达到限定的步数前，某一方执行了吃子操作，则计数变量的值需要重置为 0。

（2）设置悔棋操作。在现实的下棋过程中，对局者常常会进行悔棋，即撤销本轮的下棋操作，并将棋局退回到上一步的局面。若要在本章的游戏中实现悔棋操作，则需要保存棋盘的局面，即各个棋子的位置。具体来说，可以定义一个二维数组来记录棋盘上每个位置的棋子，每当某方下了一步棋，则将棋盘上的棋子分布状况记录下来。而执行悔棋动作，便可看作对该数组的值进行恢复操作，从而将棋局中的棋子还原到走棋前的情形。

（3）实现人机对弈。本章的游戏目前只能支持两个玩家轮流下棋，而没有实现玩家和计算机下棋。若要实现人机对弈，则需要为游戏加入人工智能。对于棋类游戏来说，人工智能主要使用的技术是状态空间搜索，即计算机对棋局中各种可能出现的局面进行查找，并对每一种局面进行评价，然后找出那些最有利的局面作为走棋的依据。

若将棋局的各个局面依次展开，则会自上而下地形成一个树状结构，称为博弈树。树中的每个节点对应着一个局面。而为了判定局面的优劣，还要定义评估函数来为局面进行估值，它将按照棋子的种类及位置来确定其价值。若要在中国象棋游戏中添加人工智能，则需要设计合理的评估函数，以及有效的搜索算法，以便计算机能在博弈树中搜寻到理想的局面，进而寻找到有效的走法。然而，随着搜索步数的加大，状态空间的规模也会变得越来越庞大，因此需要采用有效的手段来减少搜索的局面数量，这可以使用一些启发式搜索算法。

关于中国象棋的人工智能有大量的文献资料进行阐述，有兴趣的读者可以参考相关资料来设计自己的人机对弈游戏。

Greenfoot API 参考

World 类

1. 定义形式

```
public abstract class World extends java.lang.Object
```

2. 基本描述

World 是一个承载 Actor 游戏对象的世界（场景）。它本身也是一个二维网格。

所有场景中的 Actor 对象都与某个 World 对象相关联并可访问该 World。World 对象的网格尺寸可以在构造它的时候被定义，并且该值一旦被定义，便会以常量的形式存在，无法再次改变。简易的游戏案例或许会采用一些较大的网格，从而使得每个对象都可以被一个网格完全包含。而更为复杂的游戏案例则可能会采取小一些的网格（缩小至单个像素大小），从而实现更细粒度的定位和更为平滑的动画。

World 对象的背景可用图片或贴图来装饰。

3. 构造方法

（1）World

定义

```
public World(int worldWidth, int worldHeight, int cellSize)
```

说明

构造一个新的 World 对象。场景的尺寸（以网格数目为单位）和网格的尺寸（以像素为单位）必须在此指定。

参数

worldWidth：场景的宽度（以网格为单位）。

worldHeight：场景的高度（以网格为单位）。

cellSize：网格尺寸（以像素为单位）。

（2）World

定义

```
public World(int worldWidth, int worldHeight, int cellSize, boolean bounded)
```

说明

构造一个新的 World 对象。场景的尺寸（以网格数目为单位）和网格的尺寸（以像素为单位）必须在此指定。本构造方法允许设置 World 对象是否有界。在无界的场景中，Actor 对象可以运动到场景的边缘以外。[1]

参数

worldWidth：场景的宽度（以网格为单位）。

worldHeight：场景的高度（以网格为单位）。

cellSize：网格尺寸（以像素为单位）。

bounded：场景中的 Actor 对象是否应被限定在场景的宽、高之内。

4．具体方法

（1）setBackground

定义

```
public final void setBackground(GreenfootImage image)
```

说明

设置指定的图像作为本 world 的背景。若图像的像素尺寸大于场景的像素尺寸，图像的边缘将被自动裁剪。若它的尺寸小于场景的尺寸，那它将被平铺，从而充满整个场景。因而，一个尺寸等同于网格大小的地形图案可以很方便地作为背景被添加到场景之中。

参数

image：用来显示的图像。

（2）setBackground

定义

```
public final void setBackground(java.lang.String filename)
                throws java.lang.IllegalArgumentException
```

说明

设置指定的图片文件作为本 world 的背景。支持 jpeg、gif 和 png 格式。若图片的像素尺

---

[1] 默认构造有界的场景，此时场景中的 Actor 对象的坐标将被限定在场景的宽、高之内。

寸大于场景的像素尺寸，图片的边缘将被自动裁剪。若它的尺寸小于场景的尺寸，那它将被平铺，从而充满整个场景。因而，一个尺寸等同于网格大小的地形图案可以很方便地作为背景被添加到场景之中。

参数

filename：用来显示的图片文件名。

抛出

java.lang.IllegalArgumentException：若无法加载指定的图片时抛出该异常。[1]

（3）getBackground

定义

```
public GreenfootImage getBackground()
```

说明

返回本 world 的背景图像。对此图像进行绘制操作的同时会更改场景的背景。

返回

场景背景图像。

（4）getColorAt

定义

```
public java.awt.Color getColorAt(int x, int y)
```

说明

返回网格中心点的颜色。若想要进行绘制，需要先获得场景的背景图像，然后在那之上进行绘制。

参数

x：网格的 x 坐标。

y：网格的 y 坐标。

抛出

java.lang.IndexOutOfBoundsException：若指定的坐标不在场景的边界范围内时抛出该异常。若指定的坐标处没有颜色（如全透明），将会返回 Color.WHITE（白色）。

（5）getWidth

定义

```
public int getWidth()
```

---

[1] 如该文件不存在或错误的文件名。

说明

返回场景宽度（以网格为单位）。

（6）getHeight

定义

```
public int getHeight()
```

说明

返回场景高度（以网格为单位）。

（7）getCellSize

定义

```
public int getCellSize()
```

说明

返回网格尺寸（以像素为单位）。

（8）setPaintOrder

定义

```
public void setPaintOrder(java.lang.Class... classes)
```

说明

设置场景中各对象的绘制顺序[①]。绘制顺序可以通过类来指定，某个类的对象总是会绘制到场景中其他对象的上方。同类对象的绘制顺序无法被指定。

参数列表中靠前的类的对象会绘制在靠后的类的对象上方。

若一个对象的类没有被明确地指定绘制顺序，那它将试图从参数列表中寻找最近的超类，然后继承超类的绘制顺序。

没有在参数列表中出现的类的对象会绘制在那些被列入参数列表的类的对象下方。

参数

classes：排列为欲指定顺序的各类。

（9）setActOrder

定义

```
public void setActOrder(java.lang.Class... classes)
```

说明

设置场景中各对象的 act 顺序。act 顺序可以通过类来指定，某个类的对象总是比场景中

---

① 在 2D 场景中，类似于叠放次序。

其他对象先执行 act 方法。同类对象的 act 顺序无法被指定。

参数列表中靠前的类的对象会比靠后的类的对象先执行 act 方法。

若一个对象的类没有被明确地指定 act 顺序，那它将试图从参数列表中寻找最近的超类，然后继承超类的 act 顺序。

没有在参数列表中出现的类的对象会在所有被列入参数列表的类的对象之后执行 act 方法。

参数

classes：排列为欲指定顺序的各类。

（10）addObject

定义

```
public void addObject(Actor object, int x, int y)
```

说明

向场景中添加一个指定对象。

参数

object：添加的新对象。

x：添加对象处的 x 坐标。

y：添加对象处的 y 坐标。

（11）removeObject

定义

```
public void removeObject(Actor object)
```

说明

从场景中移除指定的一个对象。

参数

object：移除的对象。

（12）removeObjects

定义

```
public void removeObjects(java.util.Collection objects)
```

说明

从场景中移除指定的一系列对象。

参数

objects：移除的系列对象。

（13）getObjects

定义

```
public java.util.List getObjects(java.lang.Class cls)
```

说明

获得场景中的所有对象，或指定类型的所有对象。若一个指定的类被作为参数传入，则只有该类（及其子类）的对象会被返回。

参数

cls：搜索对象的类型（若传入"null"则会搜索所有对象）。

返回

一个满足条件对象的列表。

（14）getObjectsAt

定义

```
public java.util.List getObjectsAt(int x, int y, java.lang.Class cls)
```

说明

返回位于指定网格的所有对象。

若一个对象的图形边界覆盖了某网格的中心，则认为该对象位于该网格内。

参数

x：待检测网格的 x 坐标。

y：待检测网格的 y 坐标。

cls：搜索的对象类型（若传入"null"则会搜索所有类型的对象）。

（15）numberOfObjects

定义

```
public int numberOfObjects()
```

说明

获得场景中 Actor 对象当前的数目。

返回

Actor 对象的数目。

（16）repaint

定义

```
public void repaint()
```

说明

重绘整个场景。

（17）act

定义

```
public void act()
```

说明

World 对象的 act 方法。这个 act 方法同样会被 Greenfoot 运行环境在每个 act 循环中调用。World 对象自己的 act 方法在此 world 中的所有对象的 act 方法之前执行。

默认情况下 act 方法什么也不会做。该方法应当在各个 World 类的子类中重写，从而定义各子类对象的动作行为。

（18）started

定义

```
public void started()
```

说明

此方法会在程序开始（或恢复）运行时被 Greenfoot 系统调用。可以在子类中重写此方法，从而使游戏在开始（或恢复）运行时执行特定的逻辑。

此方法默认留空。

（19）stopped

定义

```
public void stopped()
```

说明

此方法会在程序暂停运行时被 Greenfoot 系统调用。可以在子类中重写此方法，从而使游戏在暂停运行时能执行特定的逻辑。

此方法默认留空。

（20）showText

定义

```
public void showText(java.lang.String text, int x, int y)
```

说明

以场景中指定的位置为中心显示文字。文字将显示在所有角色的最前面。若指定位置之前显示了文字，则先要将其移除。

参数

text：需要显示的文字，若不显示任何文字则为 null。

x：文字的 x 坐标。

y：文字的 y 坐标。

Actor 类

1. 定义形式

```
public abstract class Actor extends java.lang.Object
```

2. 基本描述

在 Greenfoot 世界中，每一个物体（对象）都称为一个 Actor。每个 Actor 都拥有一个相对于世界的坐标和一个用于显示的外观（也就是一个图像）。

Actor 类本身通常不会被实例化，而是作为其他各种各样 Actor 子类的共同超类（父类 Superclass）而存在。任何想要存在和显示于 Greenfoot 世界中的对象，都必须继承自 Actor 类，然后各个子类便可以重新定义它们自己的外观和行为。

这个类最为核心的"灵魂"便是 act 方法。这个方法会在 Greenfoot 界面中的"单步"按钮被按下，或者"运行"按钮被激活的情况下，被 Greenfoot 框架自动调用。Actor 类本身的 act 方法是留空的，各个子类通常会重写此方法来定义自己的行动方式。

3. 构造方法

Actor

定义

```
public Actor()
```

说明

创建一个 Actor 对象。该对象会拥有一个默认的图像外观。

4. 具体方法

（1）act

定义

```
public void act()
```

说明

每个 Actor 的 act 方法都会被 Greenfoot 框架在每一个动作步（逻辑帧）中按指定的顺序

依次调用，从而使得 Actor 对象能够执行 act 方法所描述的动作行为。①

　　默认情况下 act 方法什么也不会做。该方法应当在各个 Actor 类的子类中重写，从而定义各子类对象的动作行为。

　　（2）getX

定义

```
public int getX() throws java.lang.IllegalStateException
```

说明

　　返回本对象的 x 坐标。所返回的值为本 Actor 在 world 中所处网格的水平索引值。

返回

　　本对象的 x 坐标。

抛出

　　java.lang.IllegalStateException：若本 Actor 尚未被添加到一个 world 中时抛出该异常。

　　（3）getY

定义

```
public int getY()java.lang.IllegalStateException
```

说明

　　返回本对象的 y 坐标。所返回的值为本 Actor 在 world 中所处网格的竖直索引值。

返回

　　本对象的 y 坐标。

抛出

　　java.lang.IllegalStateException：若本 Actor 尚未被添加到一个 world 中时抛出该异常。

　　（4）getRotation

定义

```
public int getRotation()
```

说明

　　返回本对象目前的旋转角度。旋转角度是一个角度值，取值范围为 0~359。0 度表示朝向东面（场景的右侧），角度沿顺时针方向增大。

返回

　　旋转的角度值。

----

① 事实上各类 Actor 的 act 顺序可在 world 中通过 setActOrder 方法规定，同类 Actor 的 act 顺序由加入 world 的先后顺序决定。

（5）setRotation

定义

```
public void setRotation(int rotation)
```

说明

设置本对象的旋转角度。旋转角度是一个角度值，取值范围为 0~359。0 度表示朝向东面（场景的右侧），角度沿顺时针方向增大。

参数

rotation：旋转的角度值。

（6）turnTowards

定义

```
public void turnTowards(int x, int y)
```

说明

使得本 Actor 对象面朝指定坐标。

参数

x：要面向的网格的 x 坐标。

y：要面向的网格的 y 坐标。

（7）setLocation

定义

```
public void setLocation(int x, int y)
```

说明

为本对象设定一个新的坐标，将本 Actor 移动到指定的位置，该位置指代 world 中的一个网格所处的位置。

参数

x：指定位置的 x 坐标。

y：指定位置的 y 坐标。

（8）move

定义

```
public void move(int distance)
```

说明

沿着目前的朝向将本对象移动指定的距离。

参数

distance：移动的距离（以网格为单位），负的距离值将引起反方向的移动。

（9）turn

定义

```
public void turn(int amount)
```

说明

将本对象旋转指定的角度（以度为单位）。

参数

amount：旋转的角度，正的旋转角度值将引起顺时针方向转动。

（10）getWorld

定义

```
public World getWorld()
```

说明

返回本 Actor 对象所处的场景。

返回

所处的场景。

（11）addedToWorld

定义

```
protected void addedToWorld(World world)
```

说明

Greenfoot 框架会在本 Actor 被添加到对应的 world 后，立即调用此方法。本方法可以被重写，用于定制本 Actor 被添加到对应 world 之后即刻采取的动作行为。

该方法默认什么也不做。

参数

world：本对象被添加进入的场景。

（12）getImage

定义

```
public GreenfootImage getImage()
```

说明

返回用于显示本 Actor 外观的图像。对该图像进行修改会引起本 Actor 的外观变化。

返回

对象的外观图像。

（13）setImage

定义

```
public void setImage(java.lang.String filename) throws java.lang.
IllegalArgumentException
```

说明

设置指定的图片文件作为本 Actor 的外观。支持 jpeg、gif 和 png 格式。图片文件应被正确地放置在工程目录下。[1]

参数

filename：图片文件的文件名。[2]

抛出

java.lang.IllegalArgumentException：倘若无法加载指定的图片时抛出该异常。[3]

（14）setImage

定义

```
public void setImage(GreenfootImage image)
```

说明

设定指定的图像作为本 Actor 的外观。

参数

image：外观图像。

（15）intersects

定义

```
protected boolean intersects(Actor other)
```

说明

检测本对象与指定的对象是否相交。

返回

倘若相交返回 true，否则返回 false。

---

① 仅支持静态 gif 图片，无法显示动画效果。图片文件应统一放在工程目录下的 "images" 子目录下。

② 应包含后缀，后缀区分大小写。可以是基于 "images" 目录的相对路径。

③ 如该文件不存在或错误的文件名。

（16）getNeighbours

定义

```
protected java.util.List getNeighbours(int distance, boolean diagonal, java.lang.Class cls)
```

说明

　　返回本对象周围指定距离内指定类型的其他对象。本方法只考虑逻辑意义上的坐标点，忽略图像尺寸所带来的伸展部分。因此，它通常用于那些所有对象都可以被包含在单个网格中的游戏案例中。

参数

　　distance：搜索临近对象的步数距离（以网格为单位）。

　　diagonal：若为 true 则包含对角线方向。

　　cls：搜索的对象类型（若传入"null"则会搜索所有类型的对象）。

返回

　　一个包含了所有满足条件的周围对象的 List 列表。

（17）getObjectsAtOffset

定义

```
protected java.util.List getObjectsAtOffset(int dx, int dy, java.lang.Class cls)
```

说明

　　返回所有与所给网格中心相交的指定类型的对象（坐标相对于本对象而言）。

参数

　　dx：x 坐标偏移，相对于本对象而言。

　　dy：y 坐标偏移，相对于本对象而言。

　　cls：搜索的对象类型（若传入"null"则会搜索所有类型的对象）。

返回

　　一个包含了偏移位置处所有满足条件的对象的 List 列表。若偏移值为 0，这个 List 也将包含自身。

（18）getOneObjectAtOffset

定义

```
protected Actor getOneObjectAtOffset(int dx, int dy, java.lang.Class cls)
```

说明

　　返回一个与所给网格中心相交的指定类型的对象（坐标相对于本对象而言）。所找到的对象的类型被限制在"cls"参数所指定的类型，或者是该类的子类。若在该坐标处找到不止一个满足要求的对象，只返回它们中的一个。

参数

> dx：x 坐标偏移，相对于本对象而言。

> dy：y 坐标偏移，相对于本对象而言。

> cls：搜索的对象类型（若传入"null"则会搜索所有类型的对象）。

返回

> 一个处于指定位置的满足条件的对象。若一个都没有找到，则返回 null。

（19）getObjectsInRange

定义

```
protected java.util.List getObjectsInRange(int radius, java.lang.Class cls)
```

说明

> 返回本对象周围指定半径内指定类型的其他对象。半径范围内的对象指那些自身中心点到本对象中心点的距离小于或等于"radius"参数值的对象。

参数

> radius：搜索范围的半径（以网格为单位）。

> cls：搜索的对象类型（若传入"null"则会搜索所有类型的对象）。

（20）getIntersectingObjects

定义

```
protected java.util.List getIntersectingObjects(java.lang.Class cls)
```

说明

> 返回所有与本对象相交的指定类型的其他对象。该方法会考虑图像尺寸所带来的伸展。

参数

> cls：搜索的对象类型（若传入"null"则会搜索所有类型的对象）。

（21）getOneIntersectingObject

定义

```
protected Actor getOneIntersectingObject(java.lang.Class cls)
```

说明

> 返回一个与本对象相交的指定类型的其他对象。该方法会考虑图像尺寸所带来的伸展。

参数

> cls：搜索的对象类型（若传入"null"则会搜索所有类型的对象）。

（22）isTouching

定义

```
protected boolean isTouching(java.lang.Class cls)
```

说明

检测本对象是否与任何指定类型的其他对象相接触。

参数

cls：搜索的对象类型（若传入"null"则会搜索所有类型的对象）。

（23）removeTouching

定义

```
protected void removeTouching(java.lang.Class cls)
```

说明

移除一个与本对象接触的指定类型的对象（如果存在）。

参数

cls：搜索的对象类型（若传入"null"则会搜索所有类型的对象）。

Greenfoot 类

1.　定义形式

```
public class Greenfoot
              extends java.lang.Object
```

2.　基本描述

这个工具类提供了一些控制游戏模拟和与 Greenfoot 系统互动的方法。

这个类包含了一些获取和响应键盘输入的方法。getKey() 会返回下列范围内的键名，is-KeyDown() 方法则需要它们作为参数传入。

❑ a ~ z（字母键），0 ~ 9（数字键），以及绝大多数的标点符号。getKey() 也会在适当的
时候返回大写字母。

❑ Up、Down、Left、Right（方向键）。

❑ Enter、Space、Tab、Escape、Backspace、Shift 及 Control（辅助键）。

❑ F1、F2、…、F12（功能键）。

3. 具体方法

（1）setWorld

定义

```
public static void setWorld(World world)
```

说明

将游戏模拟的场景设定为指定的 World 对象。该对象将从下一个 act 循环开始在 Greenfoot 系统中运行。

参数

world：切换至运行的 World 类对象，不可传入 null。

（2）getKey

定义

```
public static java.lang.String getKey()
```

说明

获得这个方法上一次被调用后，被按下的最后一个键。如果在此期间没有按键被按下，则返回 null。如果在此期间不止一个键被按下，只返回最后被按下的那个键。

返回

最近一个按键事件对应的键名。

（3）isKeyDown

定义

```
public static boolean isKeyDown(java.lang.String keyName)
```

说明

检测当前状态下指定的按键是否被按下。

参数

keyName：按键的键名。

返回

如果确实被按下，则返回 true，否则返回 false。

（4）delay

定义

```
public static void delay(int time)
```

说明

将当前的逻辑执行延后一定数量的时间步。时间步的长短由 Greenfoot 运行环境（Speed 滑条）决定。

（5）setSpeed

定义

```
public static void setSpeed(int speed)
```

说明

设置游戏模拟的运行速度。

参数

speed：新的运行速度。取值为 1 ~ 100。

（6）stop

定义

```
public static void stop()
```

说明

暂停运行。

（7）start

定义

```
public static void start()
```

说明

开始（或恢复）运行。

（8）getRandomNumber

定义

```
public static int getRandomNumber(int limit)
```

说明

随机返回一个 0（包含）到 limit 值（不包含）之间的整数。

（9）playSound

定义

```
public static void playSound(java.lang.String soundFile)
```

说明

播放一个声音文件。支持 AIFF、AU 和 WAV 格式。

传入的文件名参数可以是一个指向声音文件的绝对路径，或一个基于工程目录或工程目录下"sounds"目录的相对路径。

参数

soundFile：通常为工程目录下"sounds"目录中的某声音文件的文件名。

抛出

java.lang.IllegalArgumentException：若该声音文件无法被加载时抛出该异常。

（10）mousePressed

定义

```
public static boolean mousePressed(java.lang.Object obj)
```

说明

若鼠标在指定的对象之上被按下（从未被按住到被按住），则返回 true。

若传入的参数是一个 Actor 类对象，本方法只会当鼠标在该物体上被按下时才会返回 true。若有多个 Actor 类对象覆盖同一位置，则认为只有显示在最上方的 Actor 类对象会接收到按下事件。 若传入的参数是一个 World 类对象，则当鼠标直接在该 World 背景上被按下时返回 true。若传入的参数是 null，则本方法会在任何的鼠标按下事件发生时返回 true，无论按下事件发生时鼠标正位于什么对象的上方。

参数

obj：通常是一个场景或角色对象，或者为 null。

返回

若鼠标确实按上述方式被按下，则返回 true。

（11）mouseClicked

定义

```
public static boolean mouseClicked(java.lang.Object obj)
```

说明

若鼠标在指定的对象之上被单击（按住然后松开），则返回 true。

若传入的参数是一个 Actor 类对象，本方法只会当鼠标在该物体上被单击时才会返回 true。若有多个 Actor 类对象覆盖同一位置，则认为只有显示在最上方的 Actor 类对象会接收到按下事件。若传入的参数是一个 World 类对象，则当鼠标直接在该 World 背景上被单击时返回 true。若传入的参数是 null，则本方法会在任何的鼠标单击事件发生时返回 true，无论单击事件发生时鼠标正位于什么对象的上方。

参数

obj：通常是一个场景或角色对象，或者为 null。

返回

若鼠标确实按上述方式被单击，则返回 true。

（12）mouseDragged

定义

```
public static boolean mouseDragged(java.lang.Object obj)
```

说明

若鼠标正在拖动指定的对象，则返回 true。若鼠标拖动事件起始于某对象之上，则认为鼠标一直处于拖动该物体的状态，即使在拖动过程中鼠标已经移出了该物体的边界也是如此。

若传入的参数是一个 Actor 类对象，本方法只会当鼠标拖动起始于该物体之上时才会返回 true。若有多个 Actor 类对象覆盖同一位置，则认为只有显示在最上方的 Actor 类对象会接收到拖动事件。若传入的参数是一个 World 类对象，则当鼠标拖动直接起始于该 World 背景上时返回 true。若传入的参数是 null，则本方法会在任何的鼠标拖动事件发生时返回 true，无论鼠标拖动事件发生时鼠标正位于什么对象的上方。

参数

obj：通常是一个场景或角色对象，或者为 null。

返回

若鼠标确实按上述方式被拖动，则返回 true。

（13）mouseDragEnded

定义

```
public static boolean mouseDragEnded(java.lang.Object obj)
```

说明

若鼠标对指定的对象拖动完毕（拖动发生后松开按键），则返回 true。

若传入的参数是一个 Actor 类对象，本方法只有在对应的鼠标拖动事件起始于指定对象之上时，才会返回 true。若有多个 Actor 类对象覆盖同一位置，则认为只有显示在最上方的 Actor 类对象会接收到拖动事件。若传入的参数是一个 World 类对象，则当对应的鼠标拖动事件直接起始于该 World 背景上时，返回 true。若传入的参数是 null，则本方法会在任何的鼠标拖动结束事件发生时返回 true，无论拖动事件发生时鼠标正位于什么对象的上方。

参数

　　obj：通常是一个场景或角色对象，或者为 null。

返回

　　若鼠标确实按上述方式结束拖动，则返回 true。

（14）mouseMoved

定义

```
public static boolean mouseMoved(java.lang.Object obj)
```

说明

　　若鼠标在指定的对象之上移动，则返回 true。当鼠标位于指定对象之上，且坐标改变时，才会认为鼠标在该物体之上移动。

　　若传入的参数是一个 Actor 类对象，本方法只会当鼠标在该物体上移动时才会返回 true。若有多个 Actor 类对象覆盖同一位置，则认为只有显示在最上方的 Actor 类对象会接收移动事件。若传入的参数是一个 World 类对象，则当鼠标直接在该 World 背景上移动时返回 true。若传入的参数是 null，则本方法会在任何的鼠标移动事件发生时返回 true，无论移动事件发生时鼠标正位于什么对象的上方。

参数

　　obj：通常是一个场景或角色对象，或者为 null。

返回

　　若鼠标确实按上述方式移动，则返回 true。

（15）getMouseInfo

定义

```
public static MouseInfo getMouseInfo()
```

说明

　　返回一个含有当前鼠标状态信息的 MouseInfo 对象。

返回

　　返回鼠标的状态信息，若鼠标位于场景边界之外（拖动情况除外），则返回 null。

（16）getMicLevel

定义

```
public static int getMicLevel()
```

说明

获得麦克风的输入音量。该音量是麦克风所接收到的所有声音信号的一个综合近似值。

返回

麦克风的输入音量（取值为 0 ~ 100，含 0 和 100）。

GreenfootImage 类

1. 定义形式

```
public class GreenfootImage extends java.lang.Object
```

2. 基本描述

在 Greenfoot 系统中，可在屏幕上显示的图像都以 GreenfootImage 的形式存在。Green-footImage 可以载入已有的图片文件，也可以利用多种绘图方法来绘制。

3. 构造方法

（1）GreenfootImage

定义

```
public GreenfootImage(java.lang.String filename)
                throws java.lang.IllegalArgumentException
```

说明

将图片文件载入成一个 GreenfootImage。支持 jpeg、gif 和 png 格式。

filename 可能是图片文件的绝对路径，或是工程目录下的相对路径。

参数

filename：通常是工程目录下"images"目录中某图片文件的文件名。[1]

抛出

java.lang.IllegalArgumentException：若无法加载指定的图片时抛出该异常。[2]

（2）GreenfootImage

定义

```
public GreenfootImage(int width, int height)
```

---

[1] 应包含后缀，后缀区分大小写。

[2] 如该文件不存在或错误的文件名。

说明

创建一个指定尺寸的空白（全透明）的 GreenfootImage 对象。

参数

width：图像的宽度。

height：图像的高度。

（3）GreenfootImage

定义

```
public GreenfootImage(GreenfootImage image)
                throws java.lang.IllegalArgumentException
```

说明

根据另一个 GreenfootImage 对象创建新的 GreenfootImage 对象。

抛出

java.lang.IllegalArgumentException：若无法加载指定的图片时抛出该异常。

（4）GreenfootImage

定义

```
public GreenfootImage(java.lang.String string, int size, java.awt.Color foreground,
                java.awt.Color background)
```

说明

根据指定的字符串、字号、前景色和背景色绘制一个新的 GreenfootImage 对象。若指定的字符串中含有换行符，则会以水平居中的对齐方式绘制多行文字。

参数

string：需要绘制的字符串。

size：绘制时每行字符的高度，以像素为单位。[1]

foreground：前景色。用于绘制文字的颜色。传入 null 会默认使用黑色。

background：背景色。用于填充图像本身的颜色。传入 null 会默认使背景保持全透明。

4．具体方法

（1）getAwtImage

定义

```
public java.awt.image.BufferedImage getAwtImage()
```

---

[1]　视情况而定，实际高度和指定高度有时会有一个像素的偏差。

说明

　　返回本 GreenfootImage 背后的 java.awt.image.BufferedImage 对象。对该 BufferedImage 进行任何后续的绘制操作都会直接反映在此 GreenfootImage 上。[1]

返回

　　本 GreenfootImage 背后的 java.awt.image.BufferedImage 对象。

　　（2）getWidth

定义

```
public int getWidth()
```

说明

　　返回图像宽度。

返回

　　图像宽度。

　　（3）getHeight

定义

```
public int getHeight()
```

说明

　　返回图像高度。

返回

　　图像高度。

　　（4）rotate

定义

```
public void rotate(int degrees)
```

说明

　　绕图像中心旋转指定角度。[2]

参数

　　degrees：旋转角度。

---

[1]　该方法通常用于获得 BufferedImage 对象的 Graphics2D 引用，利用 java2D 进行一些高级的绘制操作，如遮罩、渐变、抗锯齿等。具体可参见 Graphics2D 各方法。

[2]　不同于 Actor 类的 rotate 方法，该方法不会改变图像的边界，故有可能出现旋转后的图像被原边界裁剪的情况。

（5）scale

定义

```
public void scale(int width, int height)
```

说明

缩放本图像至一个新的尺寸。

参数

width：新的图像宽度。

height：新的图像高度。

（6）mirrorVertically

定义

```
public void mirrorVertically()
```

说明

在竖直方向上镜像原图像（原图的顶部成为新图的底部，反之亦然）。

（7）mirrorHorizontally

定义

```
public void mirrorHorizontally()
```

说明

在水平方向上镜像原图像（原图的左部成为新图的右部，反之亦然）。

（8）fill

定义

```
public void fill()
```

说明

用当前的绘制颜色填充整个图像。[1]

（9）drawImage

定义

```
public void drawImage(GreenfootImage image, int x, int y)
```

说明

将指定的图像绘制到本图像上。

---

[1] 绘制颜色参见 setColor 方法，默认为黑色。若本对象是通过 World 类的 getBackground 方法获得的默认的白背景，则绘制色默认为白色。

参数

image：被绘制的图像。

x：绘制图像的 x 坐标。

y：绘制图像的 y 坐标。

（10）setFont

定义

```
public void setFont(java.awt.Font f)
```

说明

设置绘制字体。此后本 GreenfootImage 上的所有文字绘制操作都将采用该指定字体。

参数

f：欲使用的字体。

（11）getFont

定义

```
public java.awt.Font getFont()
```

说明

获得当前绘制字体。

（12）setColor

定义

```
public void setColor(java.awt.Color color)
```

说明

设置当前的绘制颜色。此后的所有绘制操作都将使用该指定颜色。

参数

color：欲使用的绘制颜色。

（13）getColor

定义

```
public java.awt.Color getColor()
```

说明

返回当前的绘制颜色。

返回

正使用的绘制颜色。

（14）getColorAt

定义

```
public java.awt.Color getColorAt(int x, int y)
```

说明

返回指定像素的颜色。

参数

x：像素点的 x 坐标。

y：像素点的 y 坐标。

抛出

java.lang.IndexOutOfBoundsException：若指定的像素坐标超出了图像的边界时抛出该异常。

（15）setColorAt

定义

```
public void setColorAt(int x, int y, java.awt.Color color)
```

说明

将指定位置的像素点设置为指定颜色。

参数

x：像素点的 x 坐标。

y：像素点的 y 坐标。

color：欲使用的绘制颜色。

（16）setTransparency

定义

```
public void setTransparency(int t)
```

说明

设置图像的透明度。

参数

t：一个 0 到 255 范围的值。0 为全透明，255 为不透明（默认值）。

（17）getTransparency

定义

```
public int getTransparency()
```

说明

返回图像的透明度。

返回

一个 0 到 255 范围的值。0 为全透明，255 为不透明（默认值）。

（18）fillRect

定义

```
public void fillRect(int x, int y, int width, int height)
```

说明

用当前的绘制颜色填充指定的矩形区域。该矩形区域的左右边界分别位于 x 和 x+width-1。上下边界分别位于 y 和 y+height-1。整个绘制区域宽 width 像素，高 height 像素，使用当前绘制颜色填充。

参数

x：填充矩形的 x 坐标。

y：填充矩形的 y 坐标。

width：填充矩形的宽度。

height：填充矩形的高度。

（19）clear

定义

```
public void clear()
```

说明

清空全图。

（20）drawRect

定义

```
public void drawRect(int x, int y, int width, int height)
```

说明

用当前的绘制颜色绘制指定的矩形轮廓。该矩形区域的左右边界分别位于 x 和 x+width。上下边界分别位于 y 和 y + height，使用当前绘制颜色绘制。

参数

x：绘制矩形的 x 坐标。

y：绘制矩形的 y 坐标。

width：绘制矩形的宽度。

height：绘制矩形的高度。

（21）drawString

定义

```
public void drawString(java.lang.String string, int x, int y)
```

说明

用当前的绘制颜色和字体绘制指定的字符串。最左侧字符的基线位于（x，y）处。

参数

string：欲绘制的字符串。

x：基线起始 x 坐标。

y：基线起始 y 坐标。

（22）drawShape

定义

```
public void drawShape(java.awt.Shape shape)
```

说明

用当前的绘制颜色在本图像上直接绘制指定的几何形体。

参数

shape：欲绘制的几何形体。

（23）fillShape

定义

```
public void fillShape(java.awt.Shape shape)
```

说明

用当前的绘制颜色在本图像上直接填充指定的几何形体。

参数

shape：欲填充的几何形体。

（24）fillOval

定义

```
public void fillOval(int x, int y, int width, int height)
```

说明

用当前绘制颜色填充一个由指定矩形边界定义的椭圆。

参数

x：欲填充椭圆边界的左上角的 x 坐标。

y：欲填充椭圆边界的左上角的 y 坐标。

width：欲填充椭圆的边界宽度。

height：欲填充椭圆的边界高度。

（25）drawOval

定义

```
public void drawOval(int x, int y, int width, int height)
```

说明

用当前绘制颜色绘制一个由指定矩形边界定义的椭圆轮廓。

参数

x：欲绘制椭圆边界的左上角的 x 坐标。

y：欲绘制椭圆边界的左上角的 y 坐标。

width：欲绘制椭圆的边界宽度。

height：欲绘制椭圆的边界高度。

（26）fillPolygon

定义

```
public void fillPolygon(int[] xPoints, int[] yPoints, int nPoints)
```

说明

用当前的绘制颜色填充一个由 x 和 y 数组定义顶点坐标的闭合多边形。

本方法会填充由 nPoints 个点所定义的多边形。前 nPoints−1 条边为由点 (xPoints[i−1], yPoints[i−1]) 至点 (xPoints[i], yPoints[i]) 所定义的线段，其中 i 取 1 ≤ i ≤ nPoints。若首尾两点不重合，多边形最后会自动连接它们以闭合图形。

多边形内的区域由奇偶填充法则或称交替填充法则定义。

参数

xPoints：顶点 x 坐标数组。

yPoints：顶点 y 坐标数组。

nPoints：顶点个数。

（27）drawPolygon

定义

```
public void drawPolygon(int[] xPoints, int[] yPoints, int nPoints)
```

说明

用当前的绘制颜色绘制一个由顶点坐标数组 x 和 y 所定义的多边形轮廓。每一对 (x，y) 各自定义了多边形的一个顶点。

本方法会绘制由 nPoins 个点所定义的多边形轮廓。前 nPoints−1 条边为由点 (xPoints[i−1], yPoints[i−1]) 至点 (xPoints[i], yPoints[i]) 所定义的线段，其中 i 取 1 ≤ i ≤ nPoints。若首尾两点不重合，多边形最后会自动连接它们以闭合图形。

参数

xPoints：顶点 x 坐标数组。

yPoints：顶点 y 坐标数组。

nPoints：顶点个数。

（28）drawLine

定义

```
public void drawLine(int x1, int y1, int x2, int y2)
```

说明

用当前的绘制颜色在 (x1, y1) 和 (x2, y2) 的两点之间绘制一条线段。

参数

x1：第一点的 x 坐标。

y1：第一点的 y 坐标。

x2：第二点的 x 坐标。

y2：第二点的 y 坐标。

（29）toString

定义

```
public java.lang.String toString()
```

说明

返回一个描述本 GreenfootImage 对象的文本。

MouseInfo 类

1. 定义形式

```
public class MouseInfo
             extends java.lang.Object
```

2. 基本描述

MouseInfo 类对象含有当前鼠标状态的一些信息。你总是能够通过调用 Greenfoot.get-
MouseInfo() 方法来获得最新的 MouseInfo 实例。

3. 具体方法

（1）getX

定义

```
public int getX()
```

说明

返回鼠标当前的 x 坐标。

返回

鼠标当前的 x 坐标（基于网格）。

（2）getY

定义

```
public int getY()
```

说明

返回鼠标当前的 y 坐标。

返回

鼠标当前的 y 坐标（基于网格）。

（3）getActor

定义

```
public Actor getActor()
```

说明

返回与当前鼠标活动相关联的具体 Actor 对象（若存在）。若鼠标在某个 Actor 对象之上
被按下或单击，则会返回该对象。若鼠标正在拖动某个对象或是结束了对某个对象的拖动，
则将返回（之前）被拖动的对象（取决于拖动事件起始于哪个对象）。若鼠标仅仅是被移动了，
则会返回此刻鼠标下方的 Actor 对象。

返回

返回与当前鼠标活动相关联的具体 Actor 对象，若没有任何 Actor 对象与当前的鼠标活
动相关联，则返回 null。

（4）getButton

定义

```
public int getButton()
```

说明

获得被按下的鼠标键的编号（若存在）。

返回

被按下的鼠标键的编号。通常而言，1 为鼠标左键，2 为鼠标中键（滚轮），3 为鼠标右键。

（5）getClickCount

定义

```
public int getClickCount()
```

说明

返回当前鼠标事件所对应的单击次数。

返回

对应的鼠标按键被单击了几次。

（6）toString

定义

```
public java.lang.String toString()
```

说明

返回一个描述本 MouseInfo 对象的文本。

GreenfootSound 类

1. 定义形式

```
public class GreenfootSound
                    extends java.lang.Object
```

2. 基本描述

GreenfootSound 是 Greenfoot 系统中能够被播放的声音片段。每个 GreenfootSound 都会从一个声音文件载入音频。单个 GreenfootSound 不能同时异步播放，但是可以播放多次。支持绝大多数 AIFF、AU、WAV、MP3 和 MIDI 格式的音频文件。

3. 构造方法

GreenfootSound

定义

```
public GreenfootSound(java.lang.String filename)
```

说明

根据指定的音频文件创建 GreenfootSound 对象。

参数

filename：通常是工程目录下“sounds”目录中某音频文件的文件名。[①]

4. 具体方法

（1）play

定义

```
public void play()
```

说明

开始播放这个音频。若原本就已处于播放状态，则什么也不会发生。若原本处于循环状态，则它会播放完这一遍，进而停止。若原本处于暂停的状态，则它会从被暂停的位置恢复播放。声音只会被播放一次。

（2）playLoop

定义

```
public void playLoop()
```

说明

开始循环播放这个音频。若原本就已处在循环状态，则什么也不会发生。若原本处于播放状态，则它会改为循环播放。若原本处于暂停的状态，则它会从被暂停的位置恢复循环。

（3）stop

定义

```
public void stop()
```

说明

停止播放这个音频。若之后该音频再次被播放，则它会从整段声音的最开头开始播放。若原本处于暂停的状态，那它亦会被停止。

---

① 应包含后缀，后缀区分大小写。

（4）pause

定义

```
public void pause()
```

说明

若音频正处于播放状态，暂停播放这个音频。若之后该音频再次被播放，则它会从暂停的位置恢复播放。

务必确定你真的需要使用这个方法而不是 stop() 方法。条件允许的话，请尽量调用 stop() 方法，以释放 GreenfootSound 所占用的资源。暂停状态下的 GreenfootSound 所占用的资源并不会被释放。

（5）isPlaying

定义

```
public boolean isPlaying()
```

说明

若这个音频正在被播放，则返回 true。

（6）getVolume

定义

```
public int getVolume()
```

说明

获得这个音频当前的播放音量，取值范围为 0（静音）~100（最响）。

（7）setVolume

定义

```
public void setVolume(int level)
```

说明

设置这个音频的播放音量，取值范围为 0（静音）~100（最响）。

参数

level：欲设置的音量大小。

（8）toString

定义

```
public java.lang.String toString()
```

说明

返回一个含本音频所加载的文件名、是否正被播放等信息的文本。

参 考 文 献

[1] Michael Kolling. Introduction to Programming with Greenfoot: Object-Oriented Programming in Java with Games and Simulations [M]. 2nd ed. London:Pearson, 2016.

[2] 何青. Java 游戏程序设计教程 [M]. 2 版. 北京：人民邮电出版社，2014.

[3] 何升，肖蓉. Java 程序设计——游戏动画案例教程 [M]. 北京：清华大学出版社，2013.

[4] 陈锐，夏敏捷，葛丽萍. Java 游戏编程原理与实践教程 [M]. 北京：人民邮电出版社，2013.

[5] Emest Adams. 游戏设计基础 [M]. 北京：机械工业出版社，2009.

[6] Jonathan S Harbour. Java5 游戏编程 [M]. 北京：机械工业出版社，2007.

[7] Richard Rouse. 游戏设计原理与实践 [M]. 北京：机械工业出版社，2003.

[8] www.greenfoot.org.